"十三五"普通高等教育本科部委级规划教材

服装面料艺术再造

（第2版）

WEARABLE TEXILE ARTS
(SECOND EDITION)

梁惠娥 ｜ 主编

梁惠娥　张红宇　王鸿博　高卫东　周小溪 ｜ 编著

中国纺织出版社

内 容 提 要

当今服装面料的发展呈现出多样化的趋势，而服装面料艺术再造更是迎合了时代的需要，弥补和丰富了普通面料单体不易表现的服装面貌，为服装增加了新的艺术魅力和个性，充分体现了现代服装个性化的审美特征。

本书为"十三五"普通高等教育本科部委级规划教材，系统介绍了面料艺术再造的概念、再造原则、灵感来源以及面料艺术再造的实现方法和实例等，有助于学生在了解面料艺术再造的概况和特点的同时，掌握一定的面料再造方法、技巧。

本书适用于高等院校服装专业师生以及服装、面料设计相关行业从业人员学习和参考。

图书在版编目（CIP）数据

服装面料艺术再造 / 梁惠娥主编；梁惠娥等编著 . ——2 版 . —— 北京：中国纺织出版社，2018.8

"十三五"普通高等教育本科部委级规划教材

ISBN 978-7-5180-5126-7

Ⅰ . ①服… Ⅱ . ①梁… Ⅲ . ①服装面料—高等学校—教材 Ⅳ . ①TS941.41

中国版本图书馆 CIP 数据核字（2018）第 120179 号

策划编辑：魏 萌 责任校对：王花妮 责任印制：王艳丽

中国纺织出版社出版发行
地址：北京市朝阳区百子湾东里 A407 号楼 邮政编码：100124
销售电话：010 — 67004422 传真：010 — 87155801
http://www.c-textilep.com
E-mail:faxing@c-textilep.com
中国纺织出版社天猫旗舰店
官方微博 http://weibo.com/2119887771
北京华联印刷有限公司印刷 各地新华书店经销
2008 年 12 月第 1 版
2018 年 8 月第 2 版 第 9 次印刷
开本：787×1092 1/16 印张：10.5
字数：150 千字 定价：48.00 元

第 2 版前言

　　《服装面料艺术再造》为普通高等教育"十一五"国家级规划教材（本科），出版后多次重印，期间还被评为江苏省的精品教材！本次修订纳入"十三五"普通高等教育本科部位级规划教材。

　　历时近十年，许多内容有待进一步更新和完善。由于我们的编写团队是来自不同的岗位和专业，都有着很多任务和工作，因此修订编写工作虽然一直在做，但推进的有些滞后了！这里要感谢出版社编辑的关心和支持，也感谢我的博士研究生王中杰、贾蕾蕾和硕士研究生曹海青，他们在自己的课题研究之余，进行了一些新的设计实践，为本书的完成尤其是案例的补充做了大量的工作！

　　在教材使用的过程中，进一步认识到服装面料艺术再造的主要载体就是面料，而面料的发展变化、美学特征以及评价方法对我们进行面料再造具有重要的指导意义，并影响着我们的艺术再造活动，因此此次修订再版主要是针对广大读者的要求，对其中的第二至第四章以及第六章着重进行了完善和补充。这也是本书异于其他同类教材的地方。

梁惠娥　教授、博士生导师

2018 年 4 月于宜兴

第1版前言

几年之前，我第一次从美国的同学那里接触到 "wearable textile arts"（可穿性面料艺术）概念，感觉很新鲜，于是尝试着在自己的教学活动中不断实践和探索，体会其中的内涵。本书名从最初的《服装面料的二次设计》到现在的《服装面料艺术再造》，历时三年的书稿编写过程，更像是一个学习和感悟服装面料艺术再造的过程。

众所周知，服装面料在服装设计中已不仅仅是设计构想的载体了，其本身已经成了创新设计的主体。创新设计代表着一种思想和精神，在服装面料艺术再造的过程中，彰显着设计师对设计与时尚的认识与理解，表达着设计师的时尚精神与思想。之所以称其为"艺术再造"，是因其涉及并体现着时尚设计内在的、外在的、科技的、艺术的、传统的、现代的、审美的、功能的等诸多因素，其本身也是创造"有意味的形式"的过程。

现代服装设计教育要求培养有创新意识的设计师，因此围绕这个目标，在服装设计教学活动中，通过服装面料的艺术再造，强化服装面料所具有的不可替代性和艺术创造性，明确了现代服装设计既要秉承艺术的本质特色，又应具有现代科技的支撑和影响。

本书专为服装设计专业以及纺织品设计专业的学生编写，结合现代服装设计的理念，科学地界定了服装面料艺术再造的概念，明确了艺术再造的原则和方法，通过大量的教学实践，归纳了实现服装艺术再造的各种方法和技巧，并且配备了阐述有关概念的电子光盘和典型作业范例。书中的大量图片以及针对性较强的思考练习题，对学生的学习和开拓设计思维具有一定的指导、启发作用，将有助于学生对服装设计内容，尤其是服装面料艺术再造的理解，由点及面，不仅让学生具有敏锐的创新思维，还能培养自己动手才能"丰衣"的理念和技能。

随着时间的推移，服装面料艺术再造的内涵还会不断变化和发展，笔者才疏学浅，其中内容和论述难免有片面之处和一定的局限性，还请各位同仁不吝教正，期待各位使用这本教材的老师、同学给予批评或建议！以求完善和丰富服装面料艺术再造的内容，不断为服装设计教育做出自己应有的努力！

最后，还要感谢那些勇于和我一起探索"服装面料艺术再造"设计活动的学生们以及江南大学对本书的支持。

编者

2008 年 8 月

教学内容内容及课时安排

章 / 课时	课程性质 / 课时	节	课程内容
第一章（2 课时）	背景介绍（6 课时）	●	**绪论**
		一	服装面料艺术再造的概念
		二	服装面料艺术再造的作用及意义
第二章（4 课时）		●	**服装面料艺术再造的过去及现在**
		一	古代服装面料艺术再造的表现
		二	现代服装面料艺术再造的发展
		三	服装面料艺术再造的现状及趋势
第三章（6 课时）	基础理论（18 课时）	●	**服装面料艺术再造的物质基础**
		一	服装面料的种类及其性能
		二	服装面料的流行趋势与材质设计
		三	服装面料的特性与人的心理
		四	服装面料与服装设计
		五	服装面料的评价方法
第四章（6 课时）		●	**服装面料艺术再造的原则**
		一	服装面料艺术再造的设计程序
		二	服装面料艺术再造的设计原则
		三	服装面料艺术再造的美学法则
		四	服装面料艺术再造的构成形式
		五	服装面料艺术再造的设计运用
第五章（6 课时）		●	**服装面料艺术再造的灵感来源**
		一	来源于自然界的灵感
		二	来源于历代民族服装的灵感
		三	来源于其他艺术形式的灵感
		四	来源于科学技术进步的灵感
第六章（14 课时）	应用实践（26 课时）	●	**服装面料艺术再造的实现方法**
		一	服装面料的二次印染处理
		二	服装面料结构的再造设计
		三	服装面料添加装饰性附着物设计
		四	服装面料的多元组合设计
		五	服装面料艺术再造的风格分类
第七章（12 课时）		●	**服装面料艺术再造设计**
		一	服装面料艺术再造实例
		二	服装面料艺术再造效果的比较与分析
		三	基于面料艺术再造的服装设计实例

注 各院校可根据自身的教学计划对课程时数进行调整。

目录

背景介绍 ·· **001**

第一章　绪论 ·································· **002**

第一节　服装面料艺术再造的概念　002

一、服装面料艺术再造的定义　002

二、服装面料艺术再造与面料一次设计的区别　004

三、影响服装面料艺术再造的因素　005

第二节　服装面料艺术再造的作用及意义　009

一、服装面料艺术再造的作用　009

二、研究服装面料艺术再造的意义　010

第二章　服装面料艺术再造的过去及现在 ········ **012**

第一节　古代服装面料艺术再造的表现　012

一、古代中国面料艺术再造的表现　012

二、古代西方面料艺术再造的表现　013

第二节　现代服装面料艺术再造的发展　017

第三节　服装面料艺术再造的现状及趋势　020

一、服装面料艺术再造的现状　020

二、服装面料艺术再造的发展趋势　020

基础理论 ·· **023**

第三章　服装面料艺术再造的物质基础 ·········· **024**

第一节　服装面料的种类及其性能　024

一、服装面料的分类　024

二、服装面料的性能　026

三、其他服装面料 029

第二节　服装面料的流行趋势与材质设计 035

一、服装面料流行趋势 035

二、服装面料的美学特征 036

三、服装面料材质风格的设计方法 037

第三节　服装面料的特性与人的心理 041

第四节　服装面料与服装设计 043

第五节　服装面料的评价方法 044

第四章　服装面料艺术再造的原则 …………………………………… **048**

第一节　服装面料艺术再造的设计程序 048

一、服装面料艺术再造的设计构思 048

二、服装面料艺术再造的表达 050

第二节　服装面料艺术再造的设计原则 050

一、体现服装的功能性 051

二、体现面料性能和工艺特点 051

三、丰富面料表面艺术效果 051

四、实现服装的经济效益 052

第三节　服装面料艺术再造的美学法则 052

一、服装面料艺术再造的基本美学规律 052

二、服装面料艺术再造的形式美法则 055

第四节　服装面料艺术再造的构成形式 062

一、服装面料艺术再造的基本型 062

二、服装面料艺术再造的构成形式 069

第五节　服装面料艺术再造的设计运用 072

一、服装面料艺术再造与服装设计的三大要素 073

二、服装面料艺术再造在服装局部与整体上的运用 078

第五章　服装面料艺术再造的灵感来源 …………………………… **084**

第一节　来源于自然界的灵感 084

第二节　来源于历代民族服装的灵感 086

第三节　来源于其他艺术形式的灵感　089

一、绘画　089

二、建筑　091

三、其他艺术　093

第四节　来源于科学技术进步的灵感　095

应用实践 ·· **097**

第六章　服装面料艺术再造的实现方法 ································· **098**

第一节　服装面料的二次印染处理　098

一、印花　098

二、手绘　102

第二节　服装面料结构的再造设计　102

一、服装面料结构的整体再造——变形设计　103

二、服装面料结构的局部再造——破坏性设计　104

第三节　服装面料添加装饰性附着物设计　106

一、补花和贴花　106

二、刺绣　108

第四节　服装面料的多元组合设计　110

一、拼接　110

二、叠加　111

第五节　服装面料艺术再造的风格分类　115

一、休闲风格　116

二、民族风格　116

三、田园风格　117

四、优雅风格　117

五、前卫风格　119

六、未来风格　119

第七章　服装面料艺术再造设计 ····································· **122**

第一节　服装面料艺术再造实例　122

一、通过二次着花色实现服装面料艺术再造　122

　　二、通过服装面料结构实现艺术再造　124

　　三、服装面料添加装饰性附着物的艺术再造　132

　　四、通过服装面料多元组合的艺术再造　136

　第二节　服装面料艺术再造效果的比较与分析　140

　　一、同类面料用不同手法实现的艺术效果对比　141

　　二、异类面料用相似手法实现的艺术效果对比　142

　第三节　基于面料艺术再造的服装设计实例　143

参考文献　　………………………………………………………………　155

第 2 版后记　………………………………………………………………　156

第 1 版后记　………………………………………………………………　157

背景介绍——

绪论

课题名称：绪论

课题内容：服装面料艺术再造的概念
服装面料艺术再造的作用及意义

课题时间：2 课时

训练目的：详尽阐述面料艺术再造的概念和内涵，使学生在开展设计
工作前能有个清晰的理论认识和明确的工作方向，准确定
位设计工作内容，从而调动设计工作积极性。

教学要求：1.使学生准确掌握服装面料艺术再造的概念和内涵。
2.使学生完整了解服装面料艺术再造的影响因素。
3.使学生清楚认识到服装面料艺术再造的作用与意义。

课前准备：阅读相关服装面料与服装史方面的书籍。

第一章 绪论

无论时尚怎样发展与变化，造型、材料与色彩是服装设计永恒的三要素。服装设计师的工作在于对这三者的掌握与运用，尤其是随着现代科技的发展，体现材料及色彩特性的服装面料在整个设计活动中的重要性愈发显示出来。服装面料是构架人体与服装的桥梁，是服装设计师使设想物化的重要载体，服装面料的特性能够左右服装的外观和品质，因此，对于服装面料的选用和处理，决定了整个服装设计的效果。

我们在服装面料市场上见到的面料已经历了服装面料的一次设计，即常说的"面料设计"，是借助纺织、印染及后整理加工过程实现的。面料设计师在设计面料时，首先要对构成织物的纱线进行选用和设计，包括纤维原料、纱线结构设计，其次还要对织物结构、织制工艺及织物的印染、后整理加工等内容进行设计。设计者要不断地采用新的原料、工艺和设备变化织物的品种，改善面料的内在性能和艺术效果。

第一节 服装面料艺术再造的概念

一、服装面料艺术再造的定义

服装面料艺术再造即服装面料艺术效果的二次设计，是相对服装面料的一次设计而言的，它是为提升服装及其面料的艺术效果，结合服装风格和款式特点，将现有的服装面料作为面料半成品，运用新的设计思路和工艺改变现有面料的外观风格，是提高其品质和艺术效果，使面料本身具有的潜在美感得到最大限度发挥的一种设计。

作为服装设计的重要组成部分，服装面料艺术再造不同于一次设计，其主要特点就是服装面料艺术再造要结合服装设计去进行，如果脱离了服装设计，它只是单纯的面料艺术。因此，服装面料艺术再造是在了解面料性能和特点，保证其具有舒适性、功能性、安全性等特征的基础上，结合服装设计的基本要素和多种工艺手段，强调个体的艺术性、美感和装饰内涵的一种设计。服装面料的艺术再造改变了服装面料本身的形态，增强了其在艺术创造中的空间地位，它不仅是服装设计师设计理念在面料上的具体体现，更使面料形态通过服装表现出巨大的视觉冲击力。

服装面料再造所产生的艺术效果通常包括：视觉效果、触觉效果和听觉效果。

视觉效果是指人用眼就可以感觉到的面料艺术效果。视觉效果的作用在于丰富服装面料的装饰效果，强调图案、纹样、色彩在面料上的新表现，如利用面料的线形走势在面料上造成平面分割，或利用印刷、摄影、计算机等技术手段，对原有形态进行新的排列和构成，得到新颖的视觉效果，以此满足人们对面料的要求。

触觉效果是指人通过手或肌肤感觉到的面料艺术效果，它特别强调使面料出现立体效果。得到触觉效果的方法很多，如使服装面料表面形成抽缩、褶皱、重叠等；也可在服装面料上添加细小物质，如珠子、亮片、绳带等，形成新的触觉效果；或采用不同手法的刺绣等工艺来制造触觉效果。不同的肌理营造出的触觉生理感受是不同的，如粗糙的、温暖的、透气的等。

听觉效果是指通过人的听觉系统感觉到的面料艺术效果。不同面料与不同物体摩擦会发出不同响声。如真丝面料随人体运动会发出悦耳的丝鸣声。而很多中国少数民族服装将大量银饰或金属环装饰在面料上，除了具有某种精神含义外，从形式上讲，也给面料增添了有声的节奏和韵律，"未见其形先闻其声"，在人体行走过程中形成了美妙的声响。

这三种效果之间是互相联系、互相作用、共同存在的，常常表现为一个整体，使人对服装审美的感受不再局限于平面的、触觉的方式，而更满足了人的多方面感受。

二、服装面料艺术再造与面料一次设计的区别

服装面料艺术再造与面料一次设计既有联系又有区别，后者是前者的技术基础。服装面料艺术再造是在服装面料一次设计基础上效果的升华与提炼。

服装面料艺术再造与面料一次设计的区别主要有以下几点：

1. 强调的侧重点不同

面料一次设计，是运用一定的纤维材料通过相应的结构与加工手法构成的织物，强调面料的成分、组织结构，通常通过工业化的批量生产实现，其最终用途往往呈现多样性。而服装面料艺术再造更多地是从美学角度考虑，在面料一次设计的基础上，通过设计增强面料的美感和艺术独创性，它非常强调艺术设计的体现，与特定服装的关联度很强。

2. 设计主体不同

通常，面料一次设计由面料设计师完成，服装面料艺术再造主要由服装设计师完成。

3. 主要设计目的不同

服装面料艺术再造在一定程度上也采用面料一次设计时涉及的方法，如涂层、印染、镂空等，但它是以服装作为最后的展示对象，因此它重点强调的是经过再造的面料呈现出的艺术性和独创性；而面料一次设计主要是解决怎样赋予一种面料新的外观效果。例如，需要生产一种镂空效果的面料，在一次设计时解决的是如何更好地表现出镂空带来的美感，而在服装面料艺术再造时则重点考虑怎样将这种美感更好地在服装上体现出来。

4. 在服装上的运用不同

面料一次设计是实现服装设计的物质基础，大多数服装都离不开面料一次设计。而服装面料艺术再造具有可选择性，也就是说，不是所有的服装都要进行面料艺术再造，而应根

据服装设计师所要表现的主题和服装应具有的风格，在必要的时候运用适当的再造，以实现更为丰富和优美的艺术效果。

5.适用范围不同

面料一次设计应用的范围不确定。因为不同人对面料的理解不同，使得其采用的形式和范围具有多样性，同样的面料可以被用于不同的服装甚至是家居产品。而面料艺术创造的最终适用范围明确，并极具独创性和原创性。

三、影响服装面料艺术再造的因素

归纳起来，服装面料艺术再造的效果主要受到以下因素的影响：

1.服装材料性能

服装材料是影响服装面料艺术再造的最重要也是最基本的因素，服装面料艺术再造离不开服装材料。服装材料的范围很广、分类很多，根据有无纤维成分，可将服装材料分为纤维材料和非纤维材料两大类。

表1-1是常见的服装材料分类，也是服装面料艺术再造的基本材料。

表1-1 服装材料的分类

服装材料	纤维材料	纤维集合品（棉絮、毡、无纺布、纸） 线（缝纫线、纺织线、编织线、刺绣线）带（织带、编织带）布（机织物、针织物、编织物、花边、网眼布）
	非纤维材料	人造皮革（合成革、人工皮革） 合成树脂产品（塑料、塑胶）动物皮革、动物毛皮、羽毛 其他（橡胶、木质、金属、贝壳、玻璃）

服装面料艺术再造所用的材料可以在服装面料的基础上适当扩展，但无论怎样扩展，都是以服装面料为主体，因为必须保证再造的面料也具有一定的可穿性、舒适性、功能性和安全性等特点。

作为服装面料艺术再造的物质基础，服装材料的特征直接影响着服装面料再造的艺术效果。服装材料自身固有的特点对实现服装面料艺术再造有重要的导向作用。不同的工艺处理手段产生不同的视觉艺术效果，但同样的手段在不同材

图1-1 利用涤纶面料的热塑性制造良好的褶裥效果

图1-2 将皮革面料镂空处理，效果精致而优雅

料上有不同的适用性。比如用无纺布和用金属材料分别进行服装面料艺术再造，其艺术效果有天壤之别。又如涤纶面料具有良好的热塑性，这个性能决定了它可以比较持久地保持经过高温高压而成的褶裥艺术效果（图1-1）。再如根据皮革具有的无丝缕脱散的特征，可以通过切割、编结、镂空等方法改变原来的面貌，使其更具层次感和变化性（图1-2）。总之，包括服装面料在内的服装材料是影响服装面料艺术再造的最基本的因素。

2. 设计者对面料的认知程度和运用能力

设计者对面料的认知程度和运用能力是影响服装面料艺术再造的重要主观因素，它在很大程度上决定了服装面料再造的艺术效果表现。对于一个好的设计师来说，掌握不同面料的性质，具备对不同面料的综合处理能力是成功实现服装面料艺术再造的基本前提。优秀的服装设计师对服装面料往往有敏锐的洞察力和非凡的想象力，他们在设计中，能不断地挖掘面料新的表现特征。被称为"面料魔术师"的著名日本时装设计师三宅一生（Issey Miyake）对于各种面料的设计和运用都是行家里手。他不仅善于认知各种材料的性能，更善于利用这些材料特有的性能与质感进行创造性运用。从日本宣纸、白棉布、针织棉布到亚麻，从香蕉叶片纤维到最新的人造纤维，从粗糙的麻料到织纹最细的丝织物，根据这些面料的风格和性能，他可以创造出自己独特的再造风格。而被誉为"时装设计超级明星"的克里斯汀·拉克鲁瓦（Christian Lacroix）也善于巧妙地运用丝绸、锦缎、人造丝及金银铝片织物或饰有珠片和串珠等光泽闪亮的面料，他擅长运用褶裥、抽褶等技术，增强面料受光面和阴影部分之间的对比度，使服装更富有立体感（图1-3）。世界时装设计大师约翰·加里亚诺（John Galliano）有着相当高超的对各种面料的搭配能力，这是他进行服装面料艺术再造的法宝，也是使其服装自成一体，引导时尚的独特能力之一。

3. 服装信息表达

服装所要表达的信息决定了服装面料再造的艺术风格与手段。进行服装面料艺术再造时，要考虑服装的功能性、审美性和社会性，这些都是服装所要表达的信息。由于创作目的、消费对象和穿着场合等因素的差别，设计者在进行服装面料艺术再造时一定要考虑服装信息表达的正确性，运用适合的艺术表现和实现方法。如职业装与礼服在进行服装面料艺术再造时通常采用不同的艺术表现，前者应力求服装面料艺术再造简洁、严谨，常常是部分运用或干脆不用；而后者则可以运用大量的服装面料艺术再造得到更为丰富的美感和装饰效果。

4.生活方式和观念

人们生活方式和观念的更新影响人们对服装面料艺术再造的接受程度。随着生活水平的提高和生活方式的不断变化，人们审美情趣的提高给服装面料艺术再造提供了广阔的存在和发展空间，同时人们的审美习惯深深地影响着服装面料艺术再造的应用。如服装面料艺术再造中常常采用的刺绣手法，通常根据国家和地区风俗的不同，有着各自自成一体的骨式和色彩运用规律。在中式男女睡衣中，主要是在胸前、袋口处绣花，并左右对称。门襟用嵌线，袖口镶边，色彩淡雅，具有中国传统工艺的特色；而日本和服及腰袋的刺绣则大量使用金银线；俄罗斯及东欧国家的刺绣以几何形纹样居多，以挑纱和钉线为主要手法。因此，在服装面料艺术再造的过程中，不能一味只考虑设计师的设计理念，还应该注意人们生活方式与理念的不同。

5.流行因素、社会思潮和文化艺术

流行因素、社会思潮和文化艺术影响着服装面料艺术再造的风格和方法。如20世纪60年代，西方社会的反传统思潮使同时期的服装面料上出现了许多破坏完整性的"破烂式"设计；到了90年代，随着绿色设计风潮的盛行，服装面料艺术再造运用了大量的具有原始风味和后现代

图1-3　克里斯汀·拉克鲁瓦的作品

图1-4　以绘画风格为灵感的面料再造

气息的抽纱处理手法，以营造手工天然的趣味，摒弃"机械感"。

服装面料艺术再造的发展还一直与各个时期的文化艺术息息相关，在服装面料艺术再造发展史上可以看到立体主义、野兽派、抽象主义等绘画作品的色彩、构图、造型对服装面料艺术再造的重大影响。同样，雕塑、建筑的风格也常影响服装面料艺术再造。流行因素、社会思潮和文化艺术既是服装面料艺术再造的灵感来源，也是其发展变化的重要影响因素（图1-4）。

6. 科学技术发展

科学技术的发展影响着服装面料艺术再造的发展，它为服装面料艺术再造提供了必要的实现手段。历史上每一次材料革命和技术革命都促进了服装面料再造的实现。1837年，制作花边、网纱的机械问世，这使花边在相当一段时期内一直是服装面料艺术再造的主体。大工业时代面料的生产迅速发展，多品种的面料为服装面料艺术再造的实现提供了更为广阔的发展空间。三宅一生独创的"一生褶"就是在科学技术发展的前提下实现的面料艺术再造。它在用机器压褶时直接依照人体曲线或造型需要调整裁片与褶痕，不同于我们常见的从一大块已打褶的布上剪下裁片，再拼接缝合的手法。这种面料艺术再造突破了传统工艺，是科学技术发展的结果。

7. 其他因素

社会生活中的诸多因素都会对服装面料艺术再造产生不同程度的影响，如战争、灾难、政治变革、经济危机等无可预知的因素都会带来服装面料艺术再造的变化。20世纪上半叶的两次世界大战和30年代的经济危机导致时装业低潮的同时，也使人们无暇思考面料的形式美感，服装面料艺术再造似乎被人们抛弃和遗忘。而后的经济复苏使服装面料艺术再造得到重新重视，如多褶、在边口处镶皮毛或加饰蝴蝶结等细节形式再次被服装面料艺术再造所运用。

以上的众多因素或多或少都影响着服装面料艺术再造的变化和发展，也正由于它们的存在，使得服装面料艺术再造不断呈现出丰富多彩的姿态，在研究与发展服装面料艺术再造的时候，这些因素是不容忽视的。

第二节 服装面料艺术再造的作用及意义

一、服装面料艺术再造的作用

服装面料是设计作品的重要载体，服装面料的艺术再造更是现代服装设计活动不可缺少的环节，具有不可忽视的作用。

1.提高服装的美学品质

服装面料艺术再造最基本的作用就是对服装进行修饰点缀，使单调的服装形式产生层次和格调的变化，使服装更具风采。运用面料艺术再造的目的之一，就是给人们带来独特的审美享受，最大限度地满足人们的个性要求和精神需求。

2.强化服装的艺术特点

服装面料艺术再造能起到强化、提醒、引导视线的作用。服装设计师为了特别强调服装的某些特点或刻意突出穿着者身体的某一部位，可以采用服装面料艺术再造的方法，得到事半功倍的艺术效果，提升服装设计的艺术价值。

3.增强服装设计的原创性

设计的主要特征之一就是原创性。服装因以人体为造型基础，并为人体所穿用，故在形式、材料乃至色彩的设计上有一定的局限性，要显出其所特有的原创性，在服装材料上的再造便是较为常用和便捷的途径之一。

用的服装材料变得不平凡，常常能引起人们的关注和惊叹。

4. 提高服装的附加值

由于一些面料艺术再造可以在工业条件下实现，因此在降低成本或保持成本不变的同时，其含有的艺术价值使得服装的附加值大增。例如，普通的涤纶面料服装，经过压皱、注染、晕染等再造手段，将大大提升服装的附加值。

二、研究服装面料艺术再造的意义

当今服装面料呈现出多样化的发展趋势，而服装面料艺术再造更是迎合了时代的需要，弥补和丰富了普通面料不易表现的服装面貌，为服装增加了新的艺术魅力和个性，体现了现代服装的审美特征和注重个性的特点。

现代服装设计界越来越重视服装面料的个性风格。这主要是因为当今的服装设计，无论是礼服性的高级时装设计，还是功能性的实用装设计，造型设计是"依形而造"还是"随形而变"，都脱离不了人体的基本形态。服装材料（面料）艺术再造作为展现设计个性的载体和造型设计的物化形式还有广阔的发展空间。

简洁风、复古风、回归风等多种服装设计风格并存或交替出现之后，人们开始重新审视装饰风，而服装面料艺术再造的主要作用之一是强化服装的装饰性。

服装面料艺术再造不仅是一种装饰，也体现着现代生产技术的水平，也在一定程度上促进了服装工艺及生产水平的不断发展，并已被市场广泛接纳，今后还有很大的发展空间。

思考题

1. 影响服装面料艺术再造的因素有哪些？
2. 举例说明服装面料一次设计与艺术再造有哪些不同。

练习题

从近现代服装设计大师的作品图片中搜集具有面料艺术再造的图片 1~2 张，进行课堂的展示介绍。

要求：以图片的形式，介绍 1~2min，个人完成。

服装面料艺术再造的过去及现在

课题名称： 服装面料艺术再造的过去及现在

课题内容： 古代服装面料艺术再造的表现

现代服装面料艺术再造的发展

服装面料艺术再造的现状及趋势

课题时间： 4 课时

训练目的： 通过阐述中西服装发展历史上曾经出现的服装面料艺术再造的现象，使学生进一步加深对服装面料艺术再造概念的认识，进一步深刻认识服装面料艺术再造的意义和发展潜力。

教学要求： 1. 使学生充分把握服装发展历史过程中服装面料艺术再造的表现形式。

2. 使学生准确认识到服装面料艺术再造的发展变化。

3. 使学生深刻意识到服装面料艺术再造的发展潜力。

课前准备： 阅读相关服装美学与服装史方面的书籍。

第二章　服装面料艺术再造的过去及现在

　　"服装面料艺术再造"这一词汇直至 21 世纪初才出现，但它的表现形式却一直贯穿在服装发展的历史长河中，并随服装和面料的发展而发展。随着各民族文化的发展和服装材料的不断丰富，人们并没有因为服装已具有穿着性而满足，而是在现成的面料上进行了不同形式、程度的再造加工。例如在古埃及的腰衣和背带式束腰紧身衣上就有不同方向的褶裥；另外古埃及的一种叫"围腰布"的衣服，用皮子制成，在皮革上开了很多孔，产生了丰富的层次感。这都表明古埃及人已有对服装面料进行再造的意识。古代西亚的波斯人也采用刺绣、补花的手法对面料进行再造，有钱人甚至在面料上镶嵌珍珠、宝石、珐琅，不仅显示其社会地位，更突出了较好的装饰效果。这些都是早期的服装面料艺术再造。实际上，在人类社会文化的发展过程中，人们一直在有意或无意地进行着这方面的创造与加工。

第一节　古代服装面料艺术再造的表现

一、古代中国面料艺术再造的表现

　　早在殷商早期，中国人就懂得运用刺绣装饰服装面料，这些可以说是我国早期的服装面料艺术再造。如中国古代帝王专用的十二章纹就是运用刺绣手法实现的面料艺术再造（图 2-1）。这个时期，无论是服装面料本身，还是在服装面料上进行艺术效果处理，都被统治者所控制，成为王权和地位的象征，因此其服装面料的装饰效果具有的社会政治含义远远在美感作用之上。

　　秦汉时期，各种以织、绣、绘、印等技术制成的服饰纹样，以对称均衡、动静结合的手法形成了规整、有力度的面料装饰风格。

　　在唐代，不仅印染和织造工艺技术发达，面料的装饰手法也得到了长足的发展，采用绣、挑、补等手段在衣襟、前胸、后背、袖口等部位进行服装面料艺术再造比较常见，或采用腊缬、夹缬、绞缬、拓印等工艺产生独具特色的服装面料艺术效果，从而体现出服装不同层次的变化。这个时期的花笼裙是很有代表性的服装面料艺术再造作品，它的特点在于，裙上用细如发丝的金线绣成各种形状的花鸟，裙的腰部装饰着重重叠叠的金银线所绣的花纹，工艺十分讲究。

图 2-1　运用刺绣手法得到的十二章纹是中国早期的面料艺术再造

　　宋代的刺绣业十分发达，宫廷设置了刺绣的专门机构——"丝绣作"，并在都城汴京（今开封）设有"文秀院"，专门为皇帝刺绣御服和装饰品，这使得利用刺绣手法进行服装面料艺术再造得以进一步的发展。

　　源于唐代，兴于明代的水田衣在表现手法上独树一帜，它运用拼接手法将各色零碎织锦料拼合缝制在一个平面上，如图 2-2 所示。虽然最初的形成是由于百姓家中经济拮据，就用大小不一的碎布拼成一件衣服，但其极为丰富和强烈的视觉效果，是传统刺绣所无法实现的。水田衣的制作在初期还比较注意织锦料的匀称效果，各种锦缎料都事先裁成长方形，然后再有规律地编排制成衣，发展到后期就不再拘泥于这种形式，织锦料子大小不一，参差不齐，形状也各不相同。

二、古代西方面料艺术再造的表现

　　由于中西文化和审美存在很大的差别，因此

图 2-2　明代的水田衣以各色织锦料拼合缝制的方法实现了服装面料艺术的再造

形成了服装的迥然不同。中国人侧重面料的质感、色彩和纹样，讲究形色的"寓意"，这从中国古代的服装形式、色彩和纹样上可以得到验证，而在西方国家，更强调面料的造型之美，强调其空间艺术效果以及通过服装显示人体的美感，因此其面料艺术再造具有更广泛的内容。

中世纪（476~1453年）的拜占庭常将复杂华丽的刺绣运用在服装面料上，并在边缘和重要部位的面料上镶嵌宝石或珍珠。罗马式服装中的女式布利奥德，其领口面料边缘用金银线缝缀凸纹装饰。

11~12世纪的罗马式时期，出现了由纵向的细褶形成的面料艺术效果，同时精美的刺绣和饰带也被运用在服装的袖口和领口。

14世纪，剪切的手法被广泛运用在面料上，形成了这个时期服装面料艺术再造的一大风格。立体造型的"切口"手法（也有称其为开缝装饰或剪口装饰）的具体做法是，将外衣剪成一道道有规律的口子，从开缝处露出宽大的衬里或白色内衣，通过外衣的切口体现出内衣的质地和色泽，与富丽华美的外衣形成鲜明的对比（图2-3）。由此塑造的面料与面料之间错综搭配、互为衬托的效果增添了服装面料艺术再

图2-3 带有"切口"的女装

图2-4　丹尼尔·霍普菲尔的《三个雇佣军》，有裂缝的袖子是16世纪西方服装上最显著的特点

造的艺术魅力。这种手法发展至今，已成为服装面料艺术再造的一种重要方法。

15世纪，画家凡·艾克（Jan Van Eysk）绘制的《阿诺芬尼的婚礼》（1434年）一画，反映出当时的服装面料艺术再造效果，毛皮镶边、抽纵和折叠的手法在面料上的运用使得服装显示出鲜明的层次感。这种设计在16世纪变得更加时髦，也成为现代服装设计大师在作品中常借用的手法之一。

16世纪最流行的时装是在面料上进行裂缝处理，如图2-4、图2-5所示。这种撕裂的服装装饰性很强，它往往是将衣服收紧的地方剪开，再用另一种色彩的面料（通常是丝绸）缝在裂缝的地方。当穿着的人走动的时候，这块丝绸就会迎风飘扬，发出瑟瑟的声音。"补丁"越大，它从外袍下扬起得越高。后来，这种"补丁"被直接织在布中。

17世纪巴洛克时期，根据其呈现出的服装面料艺术效果，我们可以视其为服装面料艺术再造在实现方法上大为发展的一个时期。在这个时期，缎带、花边、纽扣、羽毛被大量运用在服装面料上，形成了更为丰富的服装面料艺术效果。这个时期

图2-5　小汉斯·霍尔拜因的《妓院中的女人》，人物同样穿着有裂缝的衣服

图2-6 大量褶皱的应用使服装具有华丽、高贵的品质

图2-7 裙摆非常强调装饰的女服

服装面料艺术再造的显著特点是，将各种面料（主要是绸缎）裁成窄条，打成花结或做成圆圈状，再分层次分布在服装的各个部位，形成层层叠叠的富有华丽感、立体感的服装面料艺术再造，如图2-6、图2-7所示。这个时期的服装面料艺术再造被运用在服装上，深得上流社会女性的喜爱。

18世纪罗可可时期，常在面料上装饰花边、花结，或将面料进行多层细褶的处理，这些都体现了服装面料艺术再造的进一步发展变化。在画家布歇为篷巴杜夫人画的肖像中（图2-8），清晰地再现了当时上流社会女性服装上凹凸感极强的褶皱装饰。在袖口的褶边上镶有金属边和五彩的透孔丝边，还镶有类似于现代蕾丝的饰边。罗可可时期喜用反光性很强的面料制成装饰。18世纪末，花边、缨穗、皱褶、蕾丝边饰、毛皮镶边和金属亮片等在服装上的

图2-8 上流社会女性服装上凹凸感极强的褶皱装饰

运用更加频繁，展现出了服装面料艺术再造新的艺术魅力。1870 年以后，皱褶不再局限于竖向，还有横向、斜向的和多层的，如图 2-9 所示。百褶裙便在此时期出现。在一定程度上，服装面料艺术再造推动了服装工艺和服装形式的发展与演变。

第二节　现代服装面料艺术再造的发展

图 2-9　褶皱出现了多种变化形式

20 世纪，随着新材料和新工艺的飞速发展，综合性面料的诞生给服装面料艺术再造增添了新的生机和艺术魅力。

20 世纪 30 年代后，用不同色彩拼接的面料被运用在晚礼服上。同时，纺织面料与皮、毛结合形成新的艺术效果被用在服装的边饰上。最常见的是运用波斯小绵羊的皮毛或银狐皮来对面料进行滚边和镶领口的艺术效果处理。50 年代之后，在美国首次出现了在编织面料上加入其他常见的装饰小件（如刺绣、小玻璃球和小金属物）的手法，产生了由面料再造带来的华丽感、立体感及现代感很强的艺术效果。

20 世纪 60 年代以后，服装设计界加快了强调面料本身艺术效果的设计步伐，由此服装面料艺术再造被空前重视起来。创造丰富的服装面料艺术效果是设计师出奇制胜的法宝，采用的手法也比先前更多，如毛皮上打孔、皮革压花、染色、牛仔装饰铆钉等。同时受其他艺术形式的影响，动感和闪烁的波普艺术图案与现代画派大师的作品也被作为设计题材，广泛地用于服装面料上，这给服装面料艺术再造增添了新的血液。而一些前卫派的设计师试图将金属材料也变为 20 世纪女性时装的面料之一。1966 年 4 月，以巴克·瑞邦（Paca Rabanne）为首的前卫派设计师用铝线把各种金属圈或片（主要是铝片或镀了金、银的塑料片）连接组合。这些全部由金属片制成的时装给人们带来强大的冲击。由此设计引发的将金属材质运用于服装面料上的方法得到了新的发展，在一段时间里，许多服装设计师开始大胆尝试用非纺织材料来展现服装面料再造的艺术效果（图 2-10）。

1970 年，扎染的衬衫开始流行，嬉皮人士把白色 T 恤进行扎染后穿着，其效仿设计迅速传播，使扎染服装跻身于高级时装的行列。

20 世纪 70 年代末期，一批来自日本的服装设计师，如川久保玲（Rei Kawakubo）、三宅一生、山本耀司（Yohji Yamamoto）等人为整个服装界带来了一种崭新的服装造型的观念，他们以出人意料的造型向世界展示服装设计的创新。而这种服装造型的观念又通常是运用服装面料艺术再造表现的（图 2-11）。

图 2-10 非纺织材料的面料艺术再造

图 2-11 川久保玲的设计

20 世纪 90 年代，由面料的使用引发了服装形式的新运动，像塑料、合成面料等纷纷登上时装大殿，而由面料之间的大胆组合和搭配实现的面料艺术再造变得更为多彩炫目（图 2-12~ 图 2-14）。

从服装面料艺术再造的发展历程来看，它大大增强了面料的丰富感，这是不争的事实。近些年的国际服装发布会和我国的服装设计大赛中也频频出现面料艺术再造的创意，其魅力是不言而喻的。设计师在追求作品的视觉冲击力时，不再单纯地追求对新面料的使用和个性化的体现，而是更注重发挥面料艺术再造的最大化表现。当今各种高新技术的出现、新面料的研发和新的纺织工艺的发展使得服装面料艺术再造的前景不可限量。

设计师通过对面料艺术形式的再造，使服装形式更加富有变化，发挥面料本身的视觉美感潜力将成为服装设计的重要趋势。同时，一些面料再造的理念在高科技的支持下，也会转化为面料一次设计。

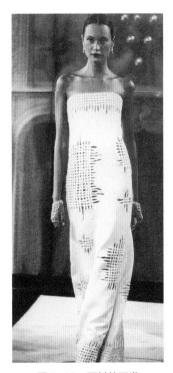

图 2-12　面料的开发

图 2-13　用面料增强服装形式感

图 2-14　对面料的大胆创造

第三节　服装面料艺术再造的现状及趋势

一、服装面料艺术再造的现状

从最初的拼接工艺到新型面料的组合，面料再造经历了由原始型向复合型的过渡。现代再造艺术以创造三维肌理美为特征，重视视觉艺术的原创性设计，提取东西方艺术的意境美和形式感要素，紧密结合现代面料特性和先进科学的工艺技法，具有艺术美与技术美的双重属性。

为了打造自己独特的风格与作品，引领时尚潮流的设计大师们通常具有面料再造的超凡才能。三宅一生的褶皱、伊夫·圣·洛朗的画饰、瓦伦蒂诺的带饰、维克多与鲁尔夫的结饰、麦克奎恩的叠饰、加利亚诺的堆饰等，都是面料艺术再造的典范。他们注重服装面料的创新与改造，将原本平凡单一的面料进行塑形、结构、重组，形成更具视觉冲击力的设计效果。优秀设计师的作品体现了面料再造艺术的巨大影响，同时也表明了服装创新设计的现状与发展趋势。

更多的设计师将会使用多种材料与工艺手法创作自己的个性化产品，将独特的审美思想与新技术相结合，挖掘传统技艺与现代工艺的表现手法，使服装面料具有现代意义上的审美与功能的结合，这类探索直接影响着服装设计的趋势。

因此，面料艺术再造的发展不可能只是昙花一现，而是以多材料、多手法为支撑的纵深发展。面料设计与服装设计人员正在积极开发面料再造设计的巨大潜力，不断提升面料再造设计的美学品位与格调，将艺术再造推入全新的发展阶段。

二、服装面料艺术再造的发展趋势

服装面料再造设计以革新为灵魂推动了面料的视觉创新，拓宽了服装材料的使用范围，利用抽丝、褶皱、手绘、镂空等再造方法改变了面料的肌理和色彩感觉，使普通的面料散发出独特而悦目的艺术效果，为服装发展创造了崭新空间，成为现代服装设计的特色手法之一。同时，面料再造的手法本身也在经历蜕变与发展，从形式、思维、材质、风格、手法上都呈现出一定的趋势与发展方向。

1. 形式：从平面走向立体

对普通的平面材质进行艺术再造，用折叠、编织、抽缩、褶皱、堆积和褶裥等手法，形成凹与凸的肌理对比，给人强烈的触觉感受；将不同的纤维材质通过编、织、钩、结等手段，构成具有韵律感的空间层次，展现变化无穷的立体肌理效果，使平面材质形成浮雕与立体感，给人更加深刻的视觉感受。

2. 思维：从具象走向抽象

传统材质的艺术表现大多体现具象题材，而现代的表现手法却越来越向抽象化发展。设计师吸取某种物质的特征，经过提取、变形抽象、装饰等多种艺术表现形式，将图形抽象化地运用在面料材质上，给人无限的想象空间与艺术美感。

3. 材质：从一元走向多元

多种面料的组合也是服装面料再造中重要的表现思路与形式。不同的材质展现不同的风格，厚质材料给人以稳重之美，轻薄材料给人以浪漫之美。利用不同材质的肌理和风格特征，对其进行组合改造，充分展现材质的艺术魅力，会给人以全新的感觉。人们很久以前就已经懂得运用材质的组合映衬来改造其原有的外观条件，如拼接工艺的运用。将不同质感的材质重合、透叠有时能够产生别样的视觉效果，例如在丰富华丽的材质上笼罩一层轻柔透明的薄纱，能带给人一种朦胧妩媚、别具风格的美感。

4. 风格：从传统走向现代

借助于新型科技手段的发展，现代服装面料再造的实现手法更加丰富。在面料的装饰工艺方面，传统的手工艺印染、刺绣已经拓展为使用大机器印染、电脑织机、电脑刺绣、电脑喷印、数码印花等现代科技手段。服装面料再造的创新和科技的进步与发展息息相关，高科技成果为之提供了必要的条件和手段。

5. 手法：从单一走向组合

面料再造的实现手段从编结、织绣、滚边、拼接等传统工艺手段拓展到镶饰、钻孔、压花、镂空等多种处理方法和工艺，形成丰富多样的效果。依据不同的材质与艺术构想，采用与之相适应的处理手法，打造多种装饰手法相组合的艺术效果。

思考题

1. 比较中西服装的发展历史中，面料艺术再造设计的变化，对其变化规律进行简单总结分析。

2. 你认为未来服装面料艺术再造的发展趋势有什么特点？

练习题

小组收集历史上某一时期东西方服装形式上曾出现的面料再造现象，就其异同之处进行比较分析。

要求：3~4人为一组，用PPT形式，进行2~3min的介绍。

基础理论——

服装面料艺术再造的物质基础

课题名称：服装面料艺术再造的物质基础

课题内容：服装面料的种类及其性能

服装面料的流行趋势与材质设计

服装面料的特性与人的心理

服装面料与服装设计

服装面料的评价方法

课题时间：6课时

训练目的：通过对服装面料基本常识的阐述，使学生充分认识到服装面料艺术再造的设计活动中服装面料是其物质基础，只有充分掌握了服装面料的各种特性以及流行趋势，才能在服装面料艺术再造的设计活动中认识和掌握正确的工艺方法与设计原则。

教学要求：1.使学生充分了解服装面料的基本种类与性能。

2.使学生准确掌握服装面料的流行趋势与材质风格的设计方法。

3.使学生深刻认识服装面料与服装设计的关系。

课前准备：阅读相关服装材料方面的书籍。

第三章　服装面料艺术再造的物质基础

服装面料是体现服装主题特征的材料，也是进行服装面料艺术再造最基本的物质基础，没有服装面料，就根本谈不上面料艺术再造。然而，不同的纤维原料、纱线结构、织物组织结构及不同的生产工艺所生产的服装面料在性能特点上是千差万别的，同样的艺术再造手法，采用不同的服装面料，其所形成的艺术效果会迥然不同。因此，在进行面料艺术再造时，必须以服装面料为物质前提和制作主体，利用其特点和优势，因材而异地展开有丰富创意的设想，以得到更新颖、更丰富的艺术效果。这就对设计者提出了最基本的要求：必须首先掌握服装面料的相关知识。

第一节　服装面料的种类及其性能

一、服装面料的分类

面料的分类可有多种方法。

1. 根据风格与手感分

根据服装面料的风格与手感，可分为棉型、毛型、真丝型、麻型、化纤型以及它们的复合型。其风格与手感各异。由于近年来消费者崇尚自然的时尚与心理要求，目前具有较好市场效应的面料主要为下述几种以天然纤维风格手感为主的复合型手感类型的新型面料：如棉型或以棉型为主、兼具毛型或真丝型风格手感的面料；毛型或以毛型为主，兼具真丝型或棉型或麻型风格手感的面料；真丝型或以真丝型为主，兼具毛型、棉型或麻型风格手感的面料；麻型或以麻型

为主，兼具毛型或棉型风格手感的面料。主要天然纤维面料
的种类及特性如表 3-1 所示。

表 3-1　天然纤维面料的特性及种类

面科类别	特性	种类
棉	质地柔软、吸湿性强、透气性好、手感舒适、比较耐久，但易缩水、易起皱、易磨损、易褪色	平纹织物有粗布、细布、府绸、麻纱、泡泡纱、毛蓝布等；斜纹织物有卡其、哔叽、斜纹布、华达呢、劳动布、牛仔布等；缎纹织物有直贡呢、横贡呢等；绒类织物有灯芯绒、平绒、绒布、丝光绒等
麻	质地坚固、吸湿散湿快、透气性好、手感清爽、导热性快，但易缩水、易皱褶	亚麻布、手工苎麻布（俗称夏布）、机织苎麻布等
丝	质地轻薄、光泽艳丽、吸湿散热快、弹性好、手感滑爽、悬垂感强，但易缩水、易皱褶、易断丝、易油污	纺织品有电力纺、富春纺、杭纺等；绉织品有双绉、碧绉等；绸织品有塔夫绸、双宫绸、美丽绸等；缎织品有软缎、绉缎等；锦织品有蜀锦、云锦、宋锦等；罗织品有直罗、横罗等
毛	质地丰满、光泽含蓄、保暖性强、透气性好、手感柔和、弹性极佳，但易缩水、易起毛球、易虫蛀	精纺呢绒有华达呢、花呢、直贡呢、啥咪呢、女衣呢、凡立丁、派力司等；粗纺呢绒有法兰绒、粗花呢、大众呢、海军呢等；绒类有长毛绒、驼绒等

2. 根据应用场合分

对用于内衣、时装和制服等不同场合的面料，其要求又
有不同的侧重点。如对内衣面料的要求是：非常柔软（宽松
型的内衣要求没有身骨，紧身型的则要有弹性塑身效果），
暖感或冷感的肌肤触感，对皮肤的亲和感（即应无或有细微
的糙感、无滑爽的蜡状感或刺痒感），自然的光泽感，吸湿
透气导湿，抗菌除臭、无静电等，并以棉型或真丝型风格为
主。时装面料则要求：具有良好的悬垂性、飘逸感，清晰细
腻的布面纹理与光泽感，具有一定的身骨和回弹性，透气导
湿，以毛型或麻型风格为主。衬衫面料则应具有薄、柔软、
挺括、光洁的特征及清晰细腻的布面纹理与光泽感，抗褶
皱，透气吸湿导汗等。

3. 根据配色分

就面料的配色情况而言，一般将面料分为六个概念组，
如表 3-2 所示。

表 3-2　面料的配色分组及特点

配色主题	配色范围	特点	面料范围
"基本"概念配色		以冷暖色混用为特点，男女通用、无年龄限制，无季节性、无时间性的简洁组合	面料为绒类条状织物、布质涂层织物、起皱真丝织物及纸质材料等
"敏感与精致"概念配色		颜色透明精致、柔和闪光，近于皮肤色。总体调子是敏感的褐色，带有未来主义的色彩	面料为带有光泽的化学纤维织物、丝质光泽缎带织物、高支纯棉织物、透明纸质材料等
"根"的概念配色		表现原始的传统趣味，受大自然石头、泥土的影响，互变后可以得出出乎意料的组合效果	面料为绒类织物、化纤光泽织物、高支纯棉织物、透明纸质材料等
"装饰"概念配色		源自于传统神话故事、戏剧，将原始生活的色彩与前卫的色彩相结合，表现现代技术进步。三维色对比与反射的结合	面料为透明纸质材料、金属光泽材料、纯棉细布、精纺毛织物、绒类织物等
"设计"概念配色		选色严格精确，是设计领域中自然与艺术的结合，具有高品位的深色组合，使用起来也很方便	面料为纯棉咔叽布、绒类编织物、丝质涂层织物等
"无限"概念配色		具有色的无限性和自由转换特点	面料为精纺毛织物、纯棉细布、仿丝绸织物、金属光泽织物等

4.根据原料构成分

根据不同的原料构成，可以将面料分为纤维织物、裘皮、塑料等。

5.根据织制工艺分

按不同的制织工艺，可以将面料分为机织物、针织物、非织造织物、编织物等。

二、服装面料的性能

服装面料的特点和性能对实现服装面料艺术再造的影响很大。就应用性而言，服装面料性能主要有以下几个方面。

1. 美学性能

这是指光泽、色彩、肌理、起毛起球等。

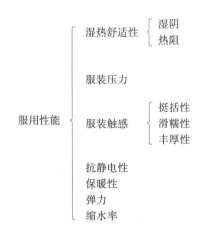

美学性能
- 悬垂性
  - 悬垂系数
  - 悬垂形状指标
- 色牢度
  - 耐磨色牢度
  - 耐洗涤色牢度
  - 耐日晒色牢度
  - 耐汗渍色牢度
- 起毛起球性
- 勾丝性
- 抗皱性
- 图案、花纹色彩
- 光泽
- 肌理

2. 造型性能

这是指厚度、悬垂性、外形稳定性（拉伸变形、弯曲变形、压缩变形、剪切变形）等。

3. 可加工性能

这是指耐化学品性（如可染性、可整理性等）、耐热性、强伸度等。

4. 服用性能

这是指吸湿透气性、带电性、弹性、保暖性、缩水率等。

服用性能
- 湿热舒适性
  - 湿阴
  - 热阻
- 服装压力
- 服装触感
  - 挺括性
  - 滑糯性
  - 丰厚性
- 抗静电性
- 保暖性
- 弹力
- 缩水率

5. 耐久性能

这是指强伸度、耐疲劳性、耐洗涤性、耐光性、耐磨性、防污、防蛀、防霉、色牢度等。

在进行服装面料艺术再造时，设计师应对面料的这些性能了如指掌。熟悉各种面料的性能，便于更好地进行服装面料艺术再造。从美学性能讲，熟悉面料的光泽、色彩和肌理有利于在再造中对各种面料进行组合和搭配，也便于更好地选择服装面料艺术再造的实现方法。例如，在对面料进行化学手法处理前，如果了解绵羊毛在冷稀酸中收缩，醋酸纤维在苛性钠溶液中会发生表面皱化等，就可以利用这些特点，预先设计好要表现的艺术效果，从各个角度运用这些技术和材料，使这些面料产生新的视觉艺术效果。

服装面料的性能主要取决于纤维种类，表 3-3 为纤维种类与面料性能之间的关系。表 3-4 为纤维特性、纱线结构参

表 3-3 纤维种类与面料性能的关系

面料性能		棉	羊毛	蚕丝	黏胶纤维	醋酯纤维	玉米纤维	涤纶	腈纶	锦纶	偏氯纶	变性腈纶	玻璃纤维
耐用因素	耐磨、耐穿	B	B	B	C	C	C	A-	B	A	B	B	C
	干态断裂强度	B	D	B	C	D	D	B	B	A	B	B	A
	湿态断裂强度	A	D	C	D	D	D	B	B	A	B	B	A
	干态抗撕力	A	D	B	C	D	D	B	B	A	B	B	A
	湿态抗撕力	A	D	C	D	D	C	B	B	A	B	B	A
	抗　蛀	A	D	D	A	A	A	A	A	A	A	A	A
	抗　霉	D	B	B	D	B	B	A	A	A	A	A	A
	耐　酸	D	C	C	D	C	B	B	B	D	B	B	C
	耐　碱	B	D	D	D	D	B	B	C	A	C	C	B
	耐　漂	B	B	B	D	A	B	C	C	C	C	A	A
	阻　燃	D	B	B	D	C	B	A-	C	B	B	B	A
	耐熨烫损害	A	C	C	B	D	C	D	D	C	D	D	A
外观和舒适因素	悬垂性	D	A	A	D	B	A	B	B	C	B	B	A
	褶裥保持性（干）	D	B	B	D	C	B	A	A	A-	B	B	A
	褶裥保持性（湿）	D	D	D	D	D	D	A	A	A-	A	B	A
	抗皱和折皱恢复力（干）	D	A	A	D	C	B	B	B	A-	B	B	A
	抗皱和折皱恢复力（湿）	D	D	D	D	D	C	D	A	A-	C	D	A
	柔软度	C	A	A	B	B	A	B	B	C	D	B	B
	易染色性	A	B	B	A	B	A	C	D	B	B	D	D
	蓬松保暖性	D	B	B	D	C	B	B	C	A	C	A	A
	保暖持久性	D	B	C	D	C	B	C	A	B	C	A	B
	舒适性	B	A	A	B	C	A-	C	A-	C	A-	D	D

注　A—性能最好；B—性能良好；C—性能一般；D—性能差。

表3-4　面料与纤维特性、纱线结构和织物结构的关系

面料性能	纤维特性	纱线结构参数项目	织物结构参数项目
克　重	密度、卷曲度	捻度、空隙率	组织、结构
厚　薄	线密度、长度、强力、刚度	捻度、线密度	组织、结构
强　力	强力、摩擦性能	捻度	织物密度、交织点
耐　磨	断裂功、弹性、抗弯特性、表面状态、线密度、静电特性	捻度、线密度	厚度、组织、支持面积
覆　盖	密度、截面形状、透明度	毛羽	覆盖率
刚　度	抗弯刚度、线密度	捻度	紧度、交织点
稳定性	变形、初始模量、弹性、耐热性、回潮率		紧度
抗皱性	弹性、刚度、线密度	纱线内纤维数	织物密度、厚度
光　泽	表面状态、截面形状、线密度、卷曲度	捻度、毛羽	组织
保暖性	卷曲度、截面形状、导热率	空隙率	体积重量、厚度
透气性	线密度、卷曲率、截面形状		覆盖率、厚度
起　球	长度、线密度、截面形状、刚度、静电、强伸度	捻度、毛羽	织物密度、组织

数和织物结构参数与面料性能的关系。

　　以上只是常规纤维和常规面料之间的关系。对于新型纤维，需进一步了解和探索。例如，纤维截面形状的改变，表面看来变化并不复杂，但实际上，纤维截面形状的改变将使纤维的比表面积、容积发生很大的变化，纤维的线密度、光泽也随之变化，纤维的许多物理机械性能和染色性能也受到影响，对面料的手感、风格等均产生影响。因此在进行服装面料艺术再造时，为寻求和创造新的面料艺术效果，应该充分了解并利用各种面料的这些优点和特性，还有，要掌握各种面料与人的视觉和心理感受的关系。

三、其他服装面料

1. 轻薄型面料

　　织物的轻薄化是当代面料发展的重要趋势之一。织物的轻薄化之所以成为人们追求的一个热点，并不仅仅因为织物在物理上具有轻薄的特点，还有其深层次的原因。一是轻薄型面料往往用料精细，通常选用一些高档的纤维，加工难度大，技术要求高，织物的质量和品位高；二是这类面料外观精致、细洁、手感细腻、轻飘；三是有良好的透气性、透湿

性、舒适性；四是具有轻盈、飘逸、潇洒的风度，有时还带有细巧、娇柔的感觉，使人心理上产生青春、活力、自由、自在的意念，这正迎合了时代的潮流。自从20世纪80年代以来，所有面料平方米重量已经大大减轻。其中，粗毛纺织面料，平均每平方米下降了60~80g。粗纺呢绒中大衣呢每平方米由640g以上下降到500g以下，学生呢每平方米由600g以上下降到400g，法兰绒每平方米由450g以上下降到330g以下。轻质在夏季表现为轻薄，如细纺、巴里纱、乔其纱，而在冬季则表现为蓬松，如具有体积感的衍缝羽绒织物、絮棉织物。轻薄面料多采用低线密度纤维、低线密度纱线，也有采用差别化纤维、可溶性纤维厚料织造，利用变形纱、包芯纱和包缠纱的工艺以及后处理的减量、烂花等技术，使织物轻盈、飘逸、具有流动性。具有凉爽感的夏季织物有以下几种：①薄型织物（图3-1）；②光面织物；③平纹和高支细密织物；④丝绸织物；⑤麻织物；⑥绉织物（图3-2）；⑦长丝织物；⑧含湿量较大的织物；⑨异支交并织物。具有蓬松感的面料多为采用卷曲纤维、中空纤维、异收缩纤维、变形纱、松结构、起绒或者蒸泥、夹心织造的多层织物。

2. 舒适型面料

舒适性是中高档纺织面料最基本的要求，是新世纪面料发展的一个不可逆转的趋势。它包含弹性、伸长、手感、含湿、柔软、悬垂、透气等方面。采用舒适的天然纤维、氨纶弹力纤维、吸湿透气超细纤维织造，经过舒适性功能整理及相应的织物设计均可获得。

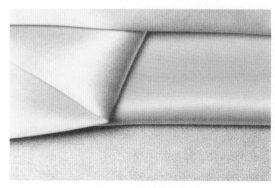

图3-1 轻薄型毛纺面料

图3-2 绉面料

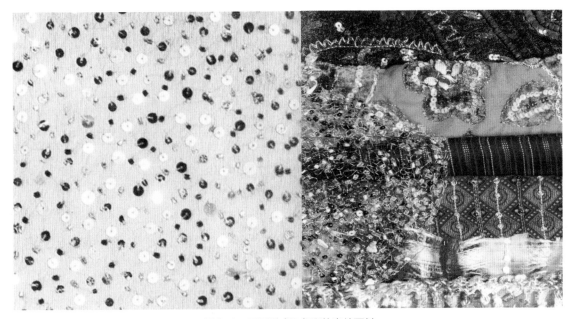

图 3-3 不同形式和色彩的亮片面料

3.闪光面料

闪光面料反映织物的材质，还具有美观性、装饰性和标识性等。织物闪光有金银丝光、荧光、丝光、钻石光，而最受欢迎的通常是柔光和丝绸的珍珠光、羊毛的磷光、麻棉的自然光。面料的闪光多采用有光丝、异形丝、金银丝、亮片（图 3-3）、彩色有光丝、缎纹组织、经纬异色、荧光染料、丝光、有光涂层、光泽整理、特种印花等材料和手段来实现。

4.透明面料

中高档的轻薄织物以及装饰织物都强调透明、透孔及网眼，追求透视感、朦胧感、层次感，表现青年人的活泼、激情、自由、奔放。使面料透而不露，似透非透，提高其品位和艺术美感是面料设计师的任务，其效果可以通过低线密度、稀薄、织纹、抽纱、挖花、剪花、绞综、针织、镂空、激光、烂花等方法获得（图 3-4）。

5.花色面料

纺织产品有强烈的装饰效果，可使人赏心悦

图 3-4 透明礼服面料

图 3-5　烫金烫银花色面料

图 3-6　由花式纱线开发的花色面料

目，获得美的享受。在纺织面料上选择相应的颜色可以使人产生兴奋或沉静、华丽或朴素、活泼或忧郁的感受。色彩的组合应注意平衡美、对比美、调和美、节奏美、配合美。从色彩上说，流行色的运用与原料、面料风格和服装用途、环境协调有关；从纹样上看，不论是植物纹样、动物纹样、集合纹样、文字纹样还是山水纹样，在纺织品上的表现手法既有具体的也有抽象的。取得花纹的方法有很多，包括提花、印花、绣花、植花、轧花、剪花、烂花、烤花、喷花、贴花、磨花等，仅印花就有发泡印花、金银粉印花、珠光印花、闪烁印花、仿烂花反光涂料印花、金箔印花、夜光印花、钻石印花、变色印花、仿拔印花、数码印花、转移印花等几十种方法。雪纺面料经烫金或烫银处理，具有更好的视觉效果，适用于女装和童装等（图 3-5）。也可利用花式纱开发花色面料（图 3-6）。

6. 多种原料混纺面料

天然纤维和各种化学纤维原料性能各异，采用高新技术对各种纤维进行混纺，可以取长补短，改善面料的服用性。

在最新开发的面料中，既有丝与棉、毛、麻等天然纤维混纺的，又有丝与涤纶、锦纶等化学纤维混纺的，这类面料外观新颖、手感丰满、弹性好。甚至还有天丝与其他纤维、大豆纤维与其他纤维、各种新合成纤维等原料的混纺交织产品（图 3-7）。

7.差别化纤维面料

异形纤维和复合纤维：改变纤维的表面和截面形态，可赋予纤维各种各样的新的功能。如三角形截面向八叶形截面转变，纤维的光泽反射度降低，光泽细度下降，其手感、组织的风格因而改变；在纤维表面形成细微凹坑结构，使面料色泽鲜亮度提高；将异型截面再制成中空纤维，又增加了轻、暖及抗污等性能；两种或者两种以上成分纺制的复合纤维，经过拉伸加热处理，产生永久性卷曲状态，其仿毛效果在柔软性、伸缩性、弹性及手感方面与羊毛相近（图 3-8）。

图 3-7　混纺交织产品

图 3-8　差别化纤维面料更柔软鲜艳

8. 超细纤维面料

1.0dtex 以下的微纤维和 0.3dtex 以下的超细纤维，其线密度远小于常规纤维，也小于棉、毛、丝等天然纤维，这类纤维在纤维生产、织物生产和产品性能等方面与常规纤维有显著的差别，在面料开发中也有特殊性。超细纤维可以制成各种仿真制品及不同特性的织物，也可以与其他纤维混纺、混用。如锦纶、涤纶超细纤维面料，外观细腻、平整，手感柔软；日本最新研制的细旦人造丝纤维，纤维纤度与桑蚕丝相近，制织的织物具有十分逼真的仿真丝效果。

9. 弹性纤维面料

将氨纶、莱卡等纤维与丝、棉、毛、麻、涤纶等纤维进行包缠或者复合，或者对高弹涤纶丝及各种天然纤维进行加工处理，可以开发出各种机织与针织弹性面料。主要有各种弹力牛仔、T/R 弹力织物、涤纶（锦纶）/氨纶（莱卡）平布、印花、提花等织物，将弹性织物的应用范围从单一的运动装领域扩展到休闲装、西装和高档时装领域。目前产品已经向外延发展，开发出了棉、毛、丝、麻、合成纤维等复合、交织的弹力面料。

10. 环保型纤维面料

大豆蛋白纤维，是将榨过油的大豆饼中的蛋白质提炼出来，将其纺丝后制得的纤维，其主要特征是手感和外观与真丝和山羊绒接近。特别是将大豆蛋白纤维与真丝、羊毛等其他纤维进行混纺、交织，更能体现其柔软滑爽、悬垂性好、服用性能优良等特性。其他如牛奶纤维材质轻、柔、导湿良好，光泽优雅，强度好，适合与丝绸原料组合后进行开发；竹纤维作为最新推出的一种新型天然环保原料，具有消毒抗菌、清新凉爽和经久耐用等优点；Tencel（天丝）纤维具有柔和的触感和适中的弹性，吸湿快干、透气色艳，悬垂性好，是一种结合了天然和人造纤维优点的环保型纤维素纤维（图 3-9）。

11. 功能性纤维面料

功能性纤维面料主要是指能传递光、电以及具有吸附、超滤、透析、反渗透、离子交换等特殊功能的纤维。具有吸湿排汗功能的纤维是一种新型聚酯纤维，其原理是利用纤维表面的细微沟槽和孔洞，将肌肤表面排出的湿气与汗水经过芯吸、扩散、传输的作用，瞬间排出体外，使肌肤保持干爽。中空保温纤维采用八字形的独断截面，每根纤维都有高度中空部位，能实现保暖、吸湿和柔软触感。抗菌防臭纤维可以阻止细菌的生长，消除尘螨对人体引起的过敏，如用醋酯纤维开发出一种长丝抗菌纱，具有黏胶纤维的所有特性，该纱线与合成纤维或者天然纤维混合，能达到杀菌或抗菌的效果。

图 3-9　环保型纤维面料

第二节　服装面料的流行趋势与材质设计

一、服装面料流行趋势

　　色彩、图案、材质是构成服装面料艺术风格的三大重要因素，缺一不可，其中唯有材质因素既能产生艺术效果又能影响面料性能。在国外，面料设计者除了赋予面料漂亮的色彩和图案之外，还非常注重面料材质机理设计。但是在我国，色彩和图案的艺术效果比较容易被设计者所重视，而对于材质艺术风格设计，则与国外的差距较大，这已经成为国内外面料产品的主要差别之一。

　　面料的材质风格主要指运用纤维原料、纱线造型、织物结构纹理以及整理后加工工艺，使面料产生诸如平整、凹凸、起皱、闪光、暗淡、粗犷、细腻、柔软、硬挺、厚薄、透、结实、起绒等材质肌理效果。面料的材质肌理虽然没有色彩、图案那样醒目和直观，但是却有其本身独特、含蓄的艺术效果，对服装和室内装饰的风格、造型及性能影响甚大，即使将同种色彩和图案用在不同材料的面料设计中，也会产生不同的视觉效果。

近年来，国外面料流行的材质风格主要有：光、凹凸起皱、薄透、丰厚（呢绒、秋冬面料）、平整、疙瘩粗犷等多种。其中，光：主要由单丝尼龙、扁平状尼龙薄膜、黏胶丝、聚酯丝以及缎纹组织构成，光感较为含蓄；凹凸起皱：主要利用织物组织和线型配合而成，展现不同程度的起皱和立体效应；薄透：由低特纱、低密度配平纹、绞纱或针织网眼组织组成，但是均采用如修剪、绣花等工艺丰富织物表面；丰厚：主要由高特、膨体纱、雪尼尔起绒、组织起绒、圈圈线起绒、拉毛缩绒、磨绒、纱线堆积起绒、绒绒绣花、烂花绒、纬浮长起绒等方法使织物丰满、厚实；平整：主要采用平纹组织、无捻丝或涂层整理使织物表面平整；疙瘩粗犷：主要由花式线和双宫丝构成，织物呈现不同程度的疙瘩效应。还有，如在机织、针织面料上涂层和轧纹整理的仿皮革，具有较强的光感。

二、服装面料的美学特征

1. 服装面料的色彩之美

服装面料的色彩美是面料美感的重要元素。在进行面料设计过程中，如何运用色彩美的规律，去创造符合人们审美的面料，是我们追求的方向和目标。在面料色彩设计中考虑的主要元素有八个特点：面料色彩的实用性、经济性、艺术性、科学性、创新性、民族性、地域性、生态性，只有符合人们心理、生理需求的色彩才能给人以美的享受。

2. 服装面料的形态之美

所谓"形"，通常是指一个物体的外形或形状，而"态"则是指蕴含在物体内的"神韵"或"势态"。形态是事物的外在表现形式且最易被人感知。面料的形态之美是面料的造型效果所带给人的视觉美感，包括面料本身的造型特征和面料图案所呈现的视觉形态，如悬垂性、飘逸感、线条表现力及图案装饰美感等。由点、线、面交织而成，运用多种构成形式的面料再造，令作品因展现出更为多变、丰富的形态艺术效果而深受消费者的青睐。

3. 服装面料的质感之美

面料的质感美是指对面料造型、色彩、材质的综合评价，是对面料整体质量的感性认识，包括视觉质感与触觉质感，通俗地说，即外观与手感。它是面料设计中的重要考虑因素，对服装面料的成型具有较大的影响。质感能够表现出面料的柔软与硬挺、轻薄与厚重、平滑与粗犷、毛面与光面、细腻与粗糙、板结与活络、平面与立体、紧密与疏松等特征。

面料质感的形成主要受到四个因素的影响：纤维原料、纱线结构、织物组织结构与织物整理。选用的原料不同、加工方式不同则质感不同。如精纺毛织物由精梳毛纱线织造而成，表现出呢面光洁，纹路清晰，手感滑润，富有弹性的质感，给人庄重、沉稳、典雅的美；呢面粗纺毛织物经过后整理缩绒处理，质地紧密，纹路不外露，手感挺实，显得刚毅、平挺、富有精神；绒面粗纺毛织物采用缩绒、拉毛、刷毛等工艺，表面绒毛覆盖，厚实蓬松，手感柔软，给人温暖、富贵、细腻柔软的感受。

在面料再造过程中，我们可以通过压褶、加皱、拉毛、磨砂、作旧、起球、缉线、浮经、经纬不均（粗细、疏密、松紧）、珠绣、衍缝等工艺手段，使材料表面产生凹凸、皱褶、重叠等触觉变化效果，增强面料形态的立体感、丰富面料形态的表情，改变面料的表面质感，同时传递设计的文化与内涵。

三、服装面料材质风格的设计方法

面料大多是由纤维组成的纱线按照某种结构织成，并根据需要进行了相应的后整理，所以其材质风格与纤维、纱线、组织结构以及后整理等因素紧密相关。

1.纤维用料设计

纤维原料是面料的根本，不同的纤维成分，对面料的风格、质感及性能的影响极为重要。例如，棉纤维细而柔软，光泽暗淡；麻纤维硬而粗糙，色黄；毛纤维卷曲有弹性，光泽柔和；丝纤维细长、光滑、柔软，光泽优美；化纤单丝挺而透明；金属丝硬而光亮等。各种纤维为面料的材质风格提供了丰富的素材。

一般春夏流行面料的纤维用料依次为：真丝、涤纶、锦纶、棉、黏胶纤维、醋酯纤维、氨纶、麻、腈纶、金属丝等。同时有全真丝、全涤纶、全棉、棉 / 丝、醋 / 涤、棉 / 涤、棉 / 黏、黏 / 醋、棉 / 腈、涤 / 丝、麻 / 丝、黏麻 / 醋、棉涤 / 氨、丝 / 麻 / 黏，以及更多种纤维的组合运用。

而秋冬流行面料的纤维用料依次为：锦纶、涤纶、黏胶纤维、羊毛、醋酯纤维、棉、腈纶、真丝、氨纶、金属丝、马海毛、Modal（莫代尔）等。同时有全真丝、全涤纶、全棉、全黏胶纤维以及棉 / 丝、腈 / 醋、黏 / 醋、黏 / 丝、毛 / 醋、黏 / 醋、醋 / 黏、毛 / 棉、毛 / 丝、醋 / 锦 / 氨、黏 / 醋 / 棉 / 腈，以及更多种纤维的组合运用。

多种纤维的组合设计在国外已经有多年，它利用多种原料的组合运用，使服装面料具有多种材质的综合效果。

2.纱线结构设计

纱线结构和造型对服装面料的影响虽然没有色彩直观，但是纱线表面的集合特征，如纤维长度、取向度、聚集密度、弯曲程度、并捻纱的捻度、捻向、并捻速度、规律等造成的波纹、毛羽、光感等效果，对面料的形态和质感的影响非常重要。如短纤纱赋予面料以微弱的粗糙度、一定程度的柔软度及较弱的光泽；长丝由于具有最大的纤维取向度、均匀度和高的聚集密度，使面料具有较好的光泽、透明度和光滑度；而变形长丝赋予织物极大的蓬松性、覆盖性以及柔软的外形；纱线的粗细直接影响织物的厚薄和细腻程度；纱线的加捻不仅使其本身抱紧并产生螺旋状扭曲，其捻度和捻向对织物的光泽、强度、弹性、悬垂性、绉效应、凹凸感都有很大的影响；而不同类别、性能和质感的纤维材料经加捻加工而成的花式纱使织物产生绒圈、绒毛、疙瘩、闪光等形态肌理的视觉效果。

设计面料时不仅应很好地掌握各种纱线的材质肌理，而且应非常重视纱线线型的变化，以强调面料的材质变化。目前，流行面料所采用的主要纱线线型有单纱、股纱、无捻丝、中捻丝、强捻丝、单丝、复丝、氨纶包芯纱、包覆纱、花式色纱（竹节纱、绒球结子纱、圈圈结子纱、雪尼尔纱、圈圈纱、多色混色纱或并合纱、金属丝与尼龙单丝并捻等），秋冬季比春夏季更多使用膨体纱。典型的设计方法有：广泛应用花式（色）线，使面料表面具有强烈的装饰效果，春夏季流行面料以竹节纱为多，秋冬季以雪尼尔纱为多；在纤维原料设计上，大量使用单丝晶体尼龙作经纱，可体现纬线的色彩和材质效果，淡化由于经纬交织带来的复合效果，并使面料呈现较为含蓄的光泽；多种线型的组合运用，是目前流行面料的又一大特点，纱线线型的组合运用，使织物材质层次非常丰富且有立体感。

3. 织物组织结构纹理设计

组织结构和织物紧度的设计，赋予面料成千上万种结构纹理和材质风格，如平纹组织平整、朴实、简练；斜纹组织有较为规则的斜向纹理；缎纹组织细腻、光滑，有高紧度的紧密感和低紧度的松透感等。

春夏季节流行面料的组织结构有：平纹、斜纹、缎纹、双层接结、双层填芯层、双层表里换层、泥地、绞纱、经编网眼、经浮、纬浮、重经、重纬；秋冬季节流行面料的组织结构有：双层表里换层、双层接结、重经、重纬、起绒、泥地、绞纱、透孔、经编网眼，以及由基本组合配合经浮、纬浮和正反组织构成的单层提花和条纹等。其中，常用的平纹大多与竹节纱配合，使面料表面产生随机疙瘩效果；斜纹、缎纹分别赋予面料斜向织纹以及细腻光滑的材质风格；各类双层组织的运用主要赋予面料凹凸、起皱、复合、起绒、厚实等材质效果；重组织大多与各类纱线配合，赋予面料多色彩、起绒、隐约闪光以及丰厚材质效果；起绒组织赋予面料起绒效果；绞纱、经编网眼赋予面料透通的材质效果；而纬浮组织除了通常的起花作用外，还用于正面长浮修剪，使面料在透明的地上露出长长的浮线，随意、休闲。

4. 面料的再造

新时期对面料的要求往往不只局限于单一的织、绣、印等工艺，尤其在女性化大主题的影响下，在平素、提花纺织面料上再进行印、绣、压皱、轧光、砂洗、涂层、缝贴、修剪等工艺，使面料呈现出丰富的材质风格，这已经成为当今面料的设计特点。

目前，夏季节流行面料的后加工工艺有：印花（普通印花、印银、涂料印花）、绣花（绣各种线条或块面等几何形为多，花卉较少）、订珠片、非织造布或纱线缝贴，压绉、修剪、涂层等；秋冬季节流行面料的后加工工艺有：缩绒、拉毛、压绉、涂层（皮革）、修剪（光面为正面）、多层面料或纱线缝纫复合、纱线黏贴（规则或不规则）、绣花（圈圈绣，长浮刺绣几何）、轧光、轧纹、布块缝贴、印花、印银、缝绣珠片等。

总之，运用多种纤维、多组线型组合，并配置多种工艺，使织物具有丰富、多层次、有趣味性、耐人寻味的材质肌理的艺术效果是面料发展的特点，它使人深感到设计的力度，值得服装设计者进行面料艺术再造时去借鉴和学习（图3-10）。

图3-10 多种工艺线形组合的趣味性织物

第三节　服装面料的特性与人的心理

不同的面料具有不同的特征。棉、麻表现自然朴素的风格；纱、蕾丝、花边表现浪漫的风格。天然纤维织物多自然、质朴、单一；化学纤维织物则表现出复杂、多样的风格特征。如人造纤维织物光亮、重垂；涤纶织物硬挺、坚实；腈纶织物丰满、蓬松；锦纶织物暗淡、呆板。提花织物立体感强，缎纹组织光滑感强。

面料的"性格"是人的视觉和情感的反映，因此在进行服装面料艺术再造前，还要掌握不同面料带给人的心理感受。通常来讲，柔软型面料如丝绸、起绒面料具有温柔体贴的表情；起皱型面料如仿麻树皮皱织物具有粗犷豪爽之美；挺爽型面料如精纺毛织物给人以庄重稳定、肃然起敬的印象；透明型面料如乔其纱具有绮丽优雅、朦胧神秘的效果；厚重型面料如银枪大衣呢、双面呢、粗花呢、麦尔登呢有体积感，能产生浑厚稳重的效果；光泽型面料如贡缎、金银织锦容易令人产生华贵、扑朔迷离之感；闪光型面料，如涤纶闪光涂层布，则有轻快、柔弱的感受；绒毛型面料中，有光泽的如金丝绒、天鹅绒，体现华丽、高贵、富贵荣华，无光的如纯棉平绒则朴素、沉重、温文尔雅；裘皮雍容华贵，皮革则自然野性。

面料的"性格"和给人的视觉和心理感受对进行服装面料艺术再造有直接影响。表3-5总结了各种服装面料特性与人的感觉的对应，表3-6反映了各种服装面料带给人的心理联想。了解这些，有助于更好地进行服装面料艺术再造。

表3-5　面料特性与人的感觉

人的感觉	面料特性	面料种类
轻飘与厚重的对比	轻飘	丝绸类、纱类等
	厚重	天鹅绒、平绒、灯芯绒等
厚实与轻薄的对比	厚实	苏格兰呢、大衣呢等粗纺织物
	轻薄	薄网纱、乔其纱等
柔软与坚硬的对比	柔软	东风纱、巴里纱等
	坚硬	皮革、帆布、卡其布、牛仔布等
温暖与凉爽的对比	温暖	棉绒布、长毛绒、麦尔登呢、裘皮等
	凉爽	真丝绸缎、皮革、有金属感的涂层布等
粗糙与细腻的对比	粗糙	粗麻布、磨毛皮革、各类粗纺花呢等
	细腻	塔夫绸、横贡缎、高支府绸等
平整与皱褶的对比	平整	细平布、电力纺、牛津布、府绸等
	皱褶	双绉、顺纤绉、泡泡纱、热定型绉布等
密实与蓬松的对比	密实	牛仔布、双面华达呢、卡其布、帆布等
	蓬松	毛圈针织物、磨毛绒织物、法兰绒等

表3-6　面料特性与人的心理联想

心理联想	面料种类
浪漫	细纺、电力纺、塔夫绸、女衣呢、双绉、柳条绉、长毛绒、巴里纱、雪纺纱、烂花绒、透空布、双宫绸、泡泡纱、起绒织物、素绉缎、贡缎
阳刚	凡立丁、牛津布、府绸、粗花呢、麦尔登呢、马裤呢、华达呢、板司呢
优雅	素绉缎、贡缎、羊绒、双绉、四维呢、天鹅绒、女衣呢、双绉、金丝绒
运动	卡其、牛仔布、帆布、平布、防羽绒布
华丽	蕾丝、裘皮、丝绒、织锦缎
朴素	棉布、麻布
现代	定型褶布、双面呢、华达呢、板司呢
古典	天鹅绒、平绒、麂皮绒、法兰绒、粗花呢、大衣呢、灯芯绒
先锋	皮革、金属涂层
民族	金银织锦、粗平布、绵绸、麻织物、疙瘩织物、泡泡纱、大条丝绸

第四节　服装面料与服装设计

在进行服装面料艺术再造前，对服装面料与各类服装的适用关系做一些了解非常必要。无论服装依据什么标准设计，都离不开服装面料；不同的服装类型在选择面料时，要进行一番认真的思考。服装类别与服装面料之间存在相互影响、互相制约的关系。也就是说，服装的类别决定了服装面料选择的差异性，不同的服装面料影响着不同类型服装的风格。

服装类别有多种划分标准，如以不同功能、性别、季节、年龄等标准进行划分。不同类别的服装在选用面料时会有很大的差别，这已经成为人们的共识。如冬季服装一般选择呢、毛等厚重保暖的面料；而夏季服装要用透气性好的轻薄、柔软面料，并重视选择带给人体舒适性的服装面料。又如，运动装多选择弹性、透气性好的面料或针织面料；礼服则对面料的质感要求较高，多采用高贵华丽的丝绸或精致典雅的呢绒；内衣则要求柔软舒适的面料等。

在这里强调服装面料与服装设计的关系，其主要原因是：这两者之间的关系对服装面料艺术再造有非常重要的影响。

功能、性别、季节、年龄等众多因素不仅要在进行服装设计和服装面料选择时需要考虑，也要在进行服装面料艺术再造时进行综合考虑。

举例来说，冬装强调御寒保暖，夏装强调通风透气，由于其基本功能不同，在进行服装设计时选择的面料也就各异。在进行服装面料艺术再造时，不仅要考虑选择能发挥面料自身性能特点的方法，还要根据冬装和夏装的基本功能不同，重新定位这些方法。如冬季服装应避免敞开、镂空的手法，而夏季服装也不宜采用过多叠加的方法。通常经过这样的定位和筛选，实现再造的方法范围会缩小。不同的服装面料有不同的适用范围，这在一定程度上制约了服装面料艺术再造的方法的运用。

又如，职业装的总体格调通常侧重端庄肃穆、平实严谨，强调有别于日常散漫状态的紧张感和使命感，因此在这类服装上通常不会出现大面积的或立体感过强的服装面料艺术再造。运动装，对大多数人来说是表明健身、玩耍等特殊运动状态的特定装束形式，对运动装进行服装面料艺术再造，通常是强调平面的表现，突出其鲜明的运动感。休闲装是人们处于完全放松、闲散的情况下所穿着的服装，可以尝试运用各种手法的服装面料艺术再造。而礼服是在礼仪场合所穿着的服装。通常人们要求礼服设计应追究华丽、典雅、庄重、精致并重的艺术效果。礼服上可以适当体现立体、多层次的面料艺术再造。从服装的功能的角度讲，休闲装和礼服是服装面料艺术再造的主体。

从适用场合的角度讲，用于社交场合的服装面料艺术再造讲求新颖、华丽，可作适当的夸张；用于职业场合的服装面料艺术再造需要简洁、严谨；休闲场合的服装面料艺术再造可以活泼、明快；而居家场合的服装面料艺术再造则追求自我、放松。

总的来说，不同的服装类型都有各自适合的面料艺术再造，这是由服装的使用规定和面料自身的性质双重因素共同决定的，这双重因素已被人们普遍认可。因此掌握服装面料与服装设计的关系，对服装面料艺术再造有很大的指导意义。

第五节　服装面料的评价方法

人们对服装面料的消费已由必要消费变为选择消费，由追求耐用到讲究美观，研究织物风格、织物的物理力学性能与穿用外观有关的悬垂特性、折皱特性等之间的关联性，有助于指导设计师科学地设计和生产面料。因此，关于织物风格的研究工作方兴未艾，越来越多的受到国内外科技工作者和众多消费者的关注与重视。了解面料的评价方法可以帮助设计师正确选择适用于特定服装的服饰面料。

国际开展织物风格研究已有70年余年的历史，期间众多的学者尝试了不同的方法，进行了诸多有益的探索和实践。

纵观前人的研究，织物风格的评价方法大致可分为主观方法、客观方法和生理心理量评价法的三类方法。

主观评价方法，是以人的感官作为评价工具，以人的感觉来评价判断织物风格的方法。主观评价法的一般操作步骤为：首先选定一定数量有经验的检验人员，并分成若干小组；其次，由这些检验人员分别对试样进行感官鉴定；然后，根据个人的主观判定进行评分、排序或得出判断描述；最后，将结果进行统计分析，并得出统计结论。影响主观评价的主要因素有试样状态、判定环境、检验人员、判定语言、判定方法以及判定标准等。常用的评价方法有成对比较法、秩位法、绝对判断法和 SD 法。

客观评价法，包括运用光泽度法和计算机图像处理法判断面料的视觉质感以及通过 KES 法评价织物的触觉质感。利用变角光度仪可以测得织物的二次元和三次元变角光度曲线，由变角光度曲线可以得到反映织物光泽和特征的指标：镜面光泽度、对比光泽度与偏光光泽度。面料触感的评价目前采用的主要是 KES 法。由织物的拉伸、剪切、摩擦、表面不平、压缩和弯曲 6 种不同的力学行为获得与织物触感有关的 16 个力学性能指标，从而对织物的触感特征作出客观的评价。

生理心理量评价法，即利用人体的生理反应来评价织物的质感特征，是目前纺织界的研究热点之一。具有不同质感特征的面料在人们触摸和观察时给人以不同的刺激感受，这些不同的刺激会引起人体生理反应的不同变化，包括脑电位、肌肉电位、皮肤温度、手指血流量以及心跳等生理指标的变化。可用于评价织物质感特征的人体心理生理量有事发相关电位、眼球停留相关电位、脑波、肌电图等。

面料质感的主观评价、客观评价及心理生理量评价方法是目前所用的面料评价方法，如何将这三种评价方法联系起来，建立质感定量化的评价体系，弄清心理生理量、心理量及物理量之间的关系，使各种评价方法得到灵活应用，是值得我们关注的研究方向。

思考题

1. 服装面料材质风格的设计与哪些因素有关？

2. 现代新型服装面料有哪些？各自具有什么特点？

练习题

以图表形式（仿照表 3-5、表 3-6），挑选几组对比风格的面料。

要求：小组完成，3~4 人为一组。将面料小样贴在 A3 纸上。

服装面料艺术再造的原则

课题名称： 服装面料艺术再造的原则

课题内容： 服装面料艺术再造的设计程序、设计原则、美学法则、构成形式、设计运用

课题时间： 6课时

训练目的： 通过对服装面料艺术再造设计程序的阐述，使学生充分认识到服装面料艺术再造的设计原则以及美学法则，充分掌握服装面料艺术再造的各种构成形式，掌握服装面料艺术再造设计在服装上的运用方法。

教学要求： 1. 使学生充分了解服装面料艺术再造的设计程序与表达方式。

2. 使学生准确把握服装面料艺术再造的设计原则与美学法则。

3. 使学生深刻认识服装面料艺术再造的构成形式。

4. 使学生清楚认识服装面料艺术再造在服装上的运用方法。

课前准备： 阅读相关服装设计与服装美学方面的书籍。

第四章　服装面料艺术再造的原则

第一节　服装面料艺术再造的设计程序

服装面料艺术再造的设计程序通常分为构思和表达两部分。构思是指服装设计者在设计之前，在头脑中对设计主体进行思考、酝酿和规划的过程；表达是设计师通过造型技巧，将思想中孕育的艺术形象转化为服装面料艺术再造作品的物化过程。

一、服装面料艺术再造的设计构思

设计构思是一种十分活跃的思维活动，这种思维活动可以是清楚的，有意识的，也可能是下意识的，不清楚的。构思通常需要经过一段时间的思想酝酿而逐渐形成，也可能由某一方面的触发而激起灵感，突然产生。不论构思来临是渐进的或是突发的，都不能仅仅靠冥思苦想而获得。一般来讲，构思要经过三个阶段：观察、想象和灵感。好的构思要具备三个条件：细致观察、丰富的想象与灵感。尤其是，服装面料艺术再造的设计活动是一项内在的思维活动，由于各人的生活不同，工作经验有别，审美情趣和时尚感悟力也不一样，因此，善于观察，在自然界与人类社会生活中观察、体验是构思活动的基本条件和第一阶段。好的设计师善于在观察中分析与体验，积累实践经验，同时运用所掌握的专业知识技巧，展开丰富的想象，从自然界的花木鸟兽、大溪山川、风云变幻及历史事物和艺术领域中获取灵感，不断深化思维，从而产生最佳的构思。

服装面料艺术再造的构思包括如何选用面料、如何组织构图、如何塑造和表现艺术效果，也包括对着装对象、服装使用功能、使用场合、工艺制作等多方面问题的潜心考虑。只有在确定了明晰的、合乎要求的设计意向之后，才能在整个面料艺术再造的过程中做到心中有数。

一般说来，服装面料艺术再造的构思方法有两种：

1. 明确设计定位，从整体到局部的设计构思方法

这种方法是先明确设计定位，从所要设计的服装的风格、穿着场合、穿着对象等出发考虑所要设计的服装是什么风格的，需用什么样观感的面料来表现，从而选择最适合的面料，并选择相应的服装面料艺术再造的设计方法。这种方法要求服装设计者应掌握大量的"面料信息"，以便于从中选择最合适的。

2. 由面料萌发设计灵感，从局部到整体的设计构思方法

与上一种方法不同，这是一种反向的设计方法，是根据面料的服用性能和风格特征，积极运用发散思维，创造出新的服装面料艺术效果。这种从局部到整体的构思方法，最初一般没有明确的设计主题，但往往可以激发设计师的创作灵感和想象力。著名设计师迪奥就曾经说："我的许多设计构思仅仅来自于织物的启迪"。通常这是一种"多对一"的关系，也就是说从一种面料应该可以发散出许多不同的设计构思，实现一种服装面料艺术再造的多样化表现。例如，设计师曾经结合粗犷的牛仔面料和飘逸的纱质面料，赋予其新的艺术效果。还有很多设计体现着牛仔与其他面料的冲突与融合，如高贵的皮革、轻盈的流苏、浪漫的蕾丝、炫目的珠片都被毫不犹豫地运用在牛仔面料上，加上褶皱、镂空、拼接、撕切、喷绘、荧光等处理手法，及刺绣、印花、拉毛、镶嵌饰物等时尚流行因素，带给服装面料几乎全新的艺术效果。这些新的视觉效果是对原有面料新的诠释，有时甚至是在矛盾中得到统一。

无论以哪种设计思路为出发点，都要考虑处理好服装整体和面料艺术再造局部的关系，同时设计的成功与否也离不开设计者对服装面料的了解认识程度以及运用的熟练性和巧妙性。

二、服装面料艺术再造的表达

服装面料艺术再造的表达包括案头表达和实物制作。案头表达是通过画设计图的方式（通常包括草图和效果图），将设计意图表达在纸上，它是设计者将设计构思变成现实的第一步，根据需要有的还附有文字说明。实物制作是设计者根据自己的设计方案，运用实物材料进行试探性的制作。服装面料艺术再造的实物制作包括对面料的制作和对整件服装的制作。前者用来表达设计者的主要设计思想，而后者可以很好地展现面料艺术再造运用在服装上的整体艺术效果。实物制作具有明显的试探性，通常需要在不同面料小样之间进行反复对比，最终得到令人满意的服装面料艺术再造。

在进行服装面料艺术再造的过程中，这两种制作形式都可以采用，但更应根据需要进行选择，通常，案头表达是平面效果的表达，常常采用绘画的形式，要求设计者具有较好的绘画表现技巧和能力。因为没有具体的实物参照，因此，在表达过程中，要对各材质的质感及形式结构有一定的了解并能充分地展示出来。这种表达形式具有想象力，没有限制，节约成本，对设计者的想象力和表现技能要求较高。实物表达通常是一种立体效果的表现，是运用各种材料直接进行实物制作，其直观性、实验性较强，要求各种材料齐全，设计者面对实物，敢于进行大胆的尝试，以达到最佳的艺术效果。这种方法要求设计者在实验过程中，不忘最终目的，不单纯追求效果。

无论是采用哪一种表达方法，设计师都要明确设计目的，遵循基本的设计原则。

第二节　服装面料艺术再造的设计原则

服装面料艺术再造是一个充满综合性思考的艺术创造过程。追求艺术效果的体现是其宗旨，但因其设计主体是人，载体是服装面料，因此在服装面料艺术再造的过程中，首先应把握以下 4 条设计原则。

一、体现服装的功能性

这是进行服装面料艺术再造的最重要的设计原则。由于服装面料艺术再造从属于服装，因此无论进行怎样的服装面料艺术再造，都要将服装本身的实用功能、穿着对象、适用环境、款式风格等因素考虑在其中，可穿性是检验服装面料艺术再造的根本原则之一。不同于一般的材料创意组合，在整个设计过程中都应以体现和满足服装的功能性为设计原则。

二、体现面料性能和工艺特点

服装面料艺术再造必须根据面料本身及工艺特点，考虑艺术效果实现的可行性。各种面料及其工艺制作都有特定的属性和特点。在进行服装面料艺术再造时，应尽量发挥面料及其工艺手法的特长，展示出其最适合的艺术效果。拿剪切手法来说，由于面料的组织结构不同，其边缘脱散性各异，在牛仔布和棉布上剪切的效果就不同。在皮革上剪切不存在脱散现象的发生，而在氨纶汗布上运用剪切要考虑其方向性。方向不同，产生的效果差别很大，并不是任何方向的剪切都能产生好的艺术效果。又如在丝绸上实施刺绣和在皮革上装饰铆钉，两者所运用的实现手法也不同。

服装面料艺术再造过程受到面料性能和工艺特点的影响，因此在设计时需要加以重视。

三、丰富面料表面艺术效果

服装面料艺术再造更多的是在形式单一的现有面料上进行设计。对于如细麻纱、纺绸、巴里纱、缎、绸等本身表面效果变化不大的面料，适合运用褶皱、剪切等方法得到立体效果。而对于本身已经有丰富效果的面料，不一定要进行服装面料艺术再造，以免画蛇添足，影响其原有的风格，因此应有选择地适度再造。

四、实现服装的经济效益

服装面料艺术再造对提高服装的附加值起着至关重要的作用，但也必须清晰地认识到市场的存在和服装的商品属性、经济成本和价格竞争对服装成品的影响。服装设计包括创意类设计和实用类设计两大类。创意类设计重在体现设计师的设计理念和艺术效果，因而将服装面料艺术再造的最佳表现效果放在首位（包括对面料的选择），而将是否经济、实用、甚至穿着是否舒适方便等作为次要的考虑因素。但对实用类设计来说，价格成本不得不作为重要的因素进行考虑。进行面料艺术再造时，不仅要考虑到如何适合大众的审美情趣，还要考虑面料选择及面料艺术再造的工业化实现手段，这些在很大程度上决定了服装的成本价格和服装经济效益的实现，因此再造的经济实用性也是设计者在设计创造过程中必须考虑的，应适度借用服装面料艺术再造提高服装产品的附加值。

第三节　服装面料艺术再造的美学法则

服装面料艺术再造属于服装设计的范畴，因此无论是对服装面料艺术效果本身进行再造，还是强调它在服装设计上的运用，都要遵循一般的美学法则。

一、服装面料艺术再造的基本美学规律

美学规律是指形式美的基本规律，掌握了这个规律，才能更好地进行设计。

统一与变化是构成形式美最基本的美学规律。统一的美感是多数人最易感觉到的和最易接受的，在进行服装面料艺

图4-1　绝对统一

图4-2　相对统一

术再造时也不例外。统一是指由性质相同或相似的设计元素有机结合在一起，消除孤立和对立，造成一致的或趋向一致的感觉。它分为两种：一是绝对统一，是指各构成元素完全一致所形成的效果，这种形式具有强烈的秩序感，如图4-1所示；二是相对统一，是指各构成元素大体一致但又存在一定差异，从而形成整齐但不缺少变化与生机的效果，如图4-2所示。变化则是指由性质相异的设计元素并置在一起造成的显著对比的感觉，是创造运动感的重要手段。它也分为两类：一是从属变化，是指有一定前提或一定范围的变化，这种形式可取得活泼、醒目之感，如图4-3所示；二是对比变化，是指各对比元素并置在一起，造成一种强烈冲突的感觉，具有跳跃、不稳定的效果，如图4-4所示。

　　在统一与变化关系中，需要坚持两个原则：一是以统一为前提，在统一中找变化；二是以变化为主体，在变化中求

图 4-3 从属变化

图 4-4 对比变化

统一。在服装面料艺术再造中，艺术再造是变化的主体，服装是统一的前提。因此统一与变化的关系不仅应体现在服装面料艺术再造本身，还应体现在服装整体中。在设计过程中要始终关注面料艺术再造本身的变化统一，同时要兼顾服装面料艺术再造与服装整体之间的统一与变化关系。在设计中，忽视或过分强调服装面料艺术再造的统一与变化，都会造成服装整体的不和谐。只有通过把服装面料艺术再造本身和服装整体有机结合起来，消除孤立和对立，才能使服装整体在某种秩序上产生最佳的统一与变化的艺术效果。

在服装面料艺术再造中，统一与变化不仅包含了面料艺术再造自身的造型、面料运用、色彩运用，还包含它与服装的造型、面料、色彩之间的统一与变化，如图 4-5、图 4-6 所示。在设计中始终脱离不了统一与变化这对基本的美学规律。而要想很好地表现统一与变化，还需要有形式美法则的支撑。

图 4-5　色彩统一与面料变化　　　　图 4-6　面料与色彩的变化

二、服装面料艺术再造的形式美法则

服装面料艺术再造在遵循统一与变化的基本美学规律的基础上，还应遵循形式美法则。服装面料艺术再造的形式美法则主要包括对比与调和、节奏与韵律、对称与平衡、比例与分割等。这些法则不仅适用于服装面料艺术再造本身，同样适用于将服装面料艺术再造在服装上的运用。

1. 对比与调和

在设计中只要有两个以上的设计元素就会产生对比或调和的关系。因此这种关系在设计中具有重要地位。

对比是把异形、异色、异质、异量的设计元素并置在一起，形成相互对照，以突出或增强各自特性的形式。对比是一种效果，它的目的在于产生变化、追求差异、强调各部分之间的区别，从而增强艺术魅力。在服装面料艺术再造中，可以对设计元素的一方面进行对比，也可以同时对几方面进行对比，其中质感对比和色彩对比是常见的手法，如图4-7、图4-8所示。对比容易形成反差，因此可以采用对比强烈的色彩或不同质感的面料组合来强化服装面料艺术再造的形态。

调和是使相互对立的元素减弱冲突，协调各种不同的元素，从而增加整体艺术效果。调和有两种类型：一是相似调和，它是将统一的、相似的因素相结合，给人柔和宁静之感；二是相对调和，是将变化的、相对的元素相结合，是倾向活跃但又有秩序和统一关系的效果。调和是变化趋向统一的结果，但又与"同一"有区别。通过调和，可以产生一种

图4-7　质感对比

图4-8　色彩对比

变化又统一的美，不统一的设计是不调和的，没有变化的设计也无所谓调和。调和也可以理解为是一种过渡。例如，在服装面料表面从一种平面形式到另一种立体形式，用一种过渡变形来调和就更容易带给人视觉上的愉悦。在服装面料艺术再造中，对色彩的调和可以通过增加中间色进行过渡；对形状的调和，可以通过使用相同或相似的色彩，或运用相同的装饰手法，或是其他可以使不同的形状之间找到相似点的方法。调和体现着适度的、不矛盾的、不分离、不排斥的相对稳定状态。

2.节奏与韵律

节奏是指某一形或色有规律地反复出现，引导人的视线有序运动而产生动感，其中包括有规律节奏、无规律节奏、放射性节奏、等级节奏等。如图4-9、图4-10所示，它表现为构成元素的有序变化，如大与小、多与少、强与弱、轻与重、虚与实、曲与直、长与短等，也可以表现在面料的色彩节奏、明暗节奏及质感节奏等方面。在服装面料艺术再造中，不同的节奏带给人不同的视觉和心理感受，如直线构成的有规律节奏带着男性阳刚之感，重复的曲线通过规律的排列使人联想到女性的轻盈柔美；放射性节奏的运用，可以使服装展现出光感和轻盈感，这种节奏常用在服装的领口或腰下部位；等级性节奏是一种渐变，通过规律地由大变小或由小到大的排列，给人强烈的拉近或推远的感觉。这种节奏形式被运用在服装这种"体"的造型中时，会表现出更为强烈和丰富的视觉效果。

韵律也是有规律的变化，但更强调总体的完整和谐。在服装面料艺术再造中，韵律与节奏有些相似，都是借助形状、色彩、面料、空间的变化来造就一种有规律、有动感的形式。但韵律在

图4-9　有规律的节奏

图4-10　等级节奏

图 4-11　面料和色彩造就韵律（2005 张肇达高级时装发布会作品）

图 4-12　色彩的韵律动感十足

节奏的基础上更强调某种主调或情趣的体现，它是节奏更高层次的发展，如图 4-11 所示。因此有韵律的服装面料艺术再造一定是有节奏的，但有节奏的服装面料艺术再造未必一定有韵律。在服装面料艺术再造中，有效地把握节奏是体现韵律美的关键，如图 4-12 所示。

值得注意的是，节奏和韵律常会带给人们视错觉。视错觉是指人肉眼所看到形成心理与实际物体的差异。运用视错觉可以得到许多意想不到的艺术效果，如两个同样大小的形上下重叠，感觉上面的形略大一点；又如放射状或反复的线有时看似凸形或凹形。同时，视错觉有定位人们视线的作用，服装不同部位的视错觉会引导人的注意力。对希望强调面部的人来说，可以将设计的重点放在领子的造型上，而对于下肢短的人说来，可以通过提高腰线改变视觉感受。在进行服装面料艺术再造时，应该学会充分利用这些视错觉。

3.对称与均衡

对称是指设计元素以同形、同色、同量、同距离的方式依一中心点或假想轴作二次、三次或多次的重复配置所构成的形式。在服装面料艺术再造中，可以采用左右对称、斜角对称、多方对称、反转对称、平移对称等方式。对称有时能起到聚集焦点、突出中心的作用。服装面料艺术再造采用的左右对称，大多数时候给人规律的感觉，如图4-13、图4-14所示。

出于人们对上下或左右对称的视觉和心理惯性，服装经常被设计成对称式，以求给人一种稳定感。然而，过多地在服装面料艺术效果设计中运用对称，可能会陷入一种单调和呆板的境地，这时不对称的设计会以其多变的个性占据上风，于是一个新的法则——均衡被提出。

均衡是在非对称中寻求基本稳定又灵活多变的形式美感。它是指设计元素以异形等量、或同形不等量、或异形不等量的方式自由配置而取得心理和视觉上平衡的一种形式。在服装面料艺术再造中，包括将设计元素进行大小多少、色

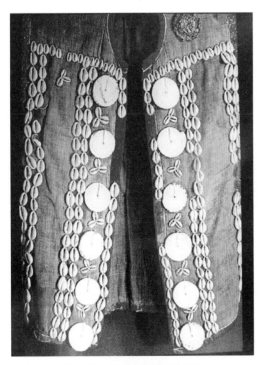

图4-13　服装装饰物左右对称

图4-14　结构与图案的对称装饰

图 4-15　结构均衡

图 4-16　色彩均衡

彩的轻重冷暖、结构的疏密张弛、空间的虚实呼应等的恰当配置，如图 4-15、图 4-16 所示。均衡的形式出现在服装上，较之对称形式要明显带有意蕴、变化和运动感。

对称和均衡是服装面料艺术再造求得均衡稳定的一对法则，它符合人们正常视觉习惯和心理需求。

4. 比例与分割

比例是指设计主体的整体与局部、局部与局部之间的尺度或数量关系。通常人们会根据视觉习惯、自身尺度及心理需求来确定设计主体的比例要求，常被广泛使用的比例关系有黄金比例、等差数列、等比数列等。同时在分割形式上又包括水平分割、垂直分割、垂直水平分割、斜线分割、曲线分割、自由分割（图 4-17）等。其中黄金分割比被公认为是最美的比例形式，它体现了人们对图形视觉上的审美要求与调和中庸的特点，正好符合标准人体的比例关系，即以人的肚脐为界，上半身长度与下半身长度为黄金比。如图 4-18 所示的服装正是在黄金分割处进行的面料艺术再造，很好地体现出女性修长的身材。在实际应用中，以几何作图法很容易得到"黄金比"。以一个平面的图形来说，"黄金比"是指图形的长线段与短线段的比值近似为 1∶0.618。

这些美的比例和分割形式不是绝对的、万能的，在应用过程中还必须根据设计对象的使用功能和多方面因素灵活掌握，既符合实用要求又符合审美习惯的比例才是最美的。

由于人对自身的结构比例十分敏感，肩的宽度、颈的长度、腰的位置等都有一种约定俗成的比例标准，因此服装面料艺术再造的形式、色彩、装饰部位对服装乃至着装者的视觉比例等都有重要影响。从这种角度讲，服装面料艺术再造是调节比例和分割关系，实现服装总体艺术效果的重要手段。

图 4-17　裙子上的自由分割

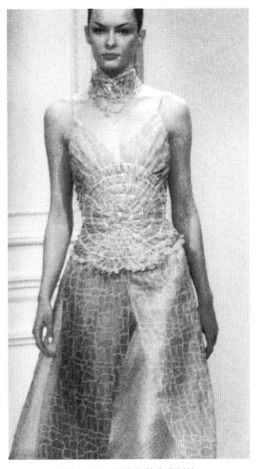

图 4-18　再造在黄金分割处

在进行服装面料艺术再造时，要依据以上因素来思考。无论平面或立体的面料艺术再造都应适合人们习惯的尺度和心理需求，同时服装面料艺术再造自身的局部与整体、局部与局部及它与服装局部和整体之间也要形成一种合理的比例关系，这样才有可能获得美的艺术再造。

以上是服装面料艺术再造的形式美法则。在设计时，既要运用这些法则，也要敢于在这些法则的基础上有所突破。这种突破可以表现为局部突破和整体突破。局部突破是指在主体效果中作"点"的有违形式美法则的设计，但整体上仍反映出良好的艺术视觉效果，如图 4-19 所示。整体突破则是完全违背形式美法则，表现为"反常规"设计，旨在体现设计作品的新鲜感和设计者鲜明的设计构思，如图 4-20 所示。在服装设计领域，整体突破虽不是设计主流，却被频频运用在时装

图 4-19　局部突破　　　　　　　　图 4-20　整体突破

上而没有被全盘否定，因为这种突破对扩展服装设计者的设计思路有很大的好处。值得强调的是，无论进行怎样的形式美突破，都要与服装的物质特征和功能属性的本质相一致。

第四节　服装面料艺术再造的构成形式

这里提到的服装面料艺术再造的构成形式，既包括服装面料艺术再造的基本形，也包括基本形在服装上的构成形式。其中，基本形在服装上的构成形式通常表现出复杂的构成关系，是决定服装面料艺术再造成功与否的关键。

一、服装面料艺术再造的基本型

按不同的布局类型，根据服装面料艺术再造在服装上形成的块面大小，将其分为四种类型：点状构成、线状构成、面状构成、综合构成。

1. 点状构成

点状构成是指服装面料艺术再造以局部小面积块面的形式出现在服饰上。一般来说，点状构成最大的特点是活泼。点状构成的大小、明度、位置等都会对服装设计影响至深。通过改变点的形状、色彩、明度、位置、数量、排列，可产生强弱、节奏、均衡和协调等感受。在传统的视觉心理习惯中，小的点状构成，造成的视觉力弱；点状构成变大，视觉力也增强。稍大的明显的点状构成的服装面料艺术再造给人突出的感觉。从点的数量来看，单独一个点状构成起到标明位置、吸引人的注意力的作用，它容易成为人的视线中心，聚拢的点状构成容易使人的视线聚焦，而广布在服装面料上的点状构成会分离人的视线，形成一定的动感。如图 4-21、图 4-22 所示。

图 4-21 单独点状构成易成为视线中心

图 4-22 广布的点状构成分离人的视线

点的组合起到平衡、协调整体，统一整体的作用。由多个不同的点状构成形成的服装面料艺术再造存在于同一服装设计中，它们之间的微妙变化，很容易改变人的心理感受。常规来讲，大小不同的点状构成同时出现在服装上，大的点易形成视觉的主导，小的点起到陪衬作用。但由于不同的位置变化或色彩配合，可由主从关系变化为并列关系，甚至发生根本变化，如图 4-23、图 4-24 所示。在进行设计时，首先要明确设计要表现的点在哪里。无论是要表现主从关系，还是等同关系，都需要建立起一种彼此呼应或相对平衡的关系。

在所有的构成形式中，点状构成最灵活，变化性也最强。在服装的关键部位（如颈、肩、下摆等）采用点状构成，可以起到定位的作用。根据设计所要表达的信息，安排和调整点状构成，使其形式、色彩、风格、造型与服装整体相一致。运用点状构成可以造就别致、个性的艺术效果（图4-25），但在设计中，要适度运用点。点状构成是最基本的

图 4-23　点的大小与排列不同产生趣味

图 4-24　裙子上等距离的点存在并列稳定关系

图 4-25　点状构成造就的别致　　　　图 4-26　点状构成排列形成线状构成

设计构成形式。当一系列的点状构成有序地排列，会形成线状构成或面状构成的视觉效果，如图 4-26 所示。

2. 线状构成

线状构成是指面料艺术再造以局部细长形式呈现于服装之上。线状构成具有很强的长度感、动感和方向性，因此具有丰富的表现力和勾勒轮廓的作用。

线状构成的表现形式有直线、曲线、折线和虚实线。直线是所有线中最简单、最有规律的基本形态，它又包含水平线、垂直线和斜线。服装上的水平线带有稳重和力量感（图 4-27）；垂直线常运用于表现修长感的部位，如裤子和裙子上；斜线可表现方向和动感；曲线令人联想到女性的柔美与多情，运用在女装上衣和裙子下摆，容易带给人随意、多变之感（图 4-28）；折线则体现着多变和不安定的情绪（图 4-29）。

线状构成容易引导人们的视线随之移动。沿服装中心线分布的面料再造对引导人的视线起着至关重要的作用。在服

图 4-27　水平线的运用

图 4-28　曲线的运用

图 4-29　折线的运用

装边缘采用线状构成的面料艺术再造是服装设计中很常见的装饰手法，如在服装的领部、前襟、下摆、袖口、裤缝、裙边等边缘上的面料艺术再造可以很好地展现服装"形"的特征，如图 4-30 所示。结合线状构成明确的方向性，可以制造丰富多变的艺术效果。同时，线状构成的数量和宽度影响着人的视觉感受。在面料艺术再造时，利用线状构成的这些特点，结合设计所要表达的意图，可以进行适当的或夸张的表现。

　　在所有构成类型中，线状构成的服装面料艺术再造最容易契合服装的款式造型结构。同时，线状构成有强化空间形态的划分和界定的作用。运用线状构成对服装进行不同的分割处理，会增加面的内容，形成富有变化、生动的艺术效果，如图 4-31 所示。值得说明的是，运用线状构成对服装进行分割时，要注意比例关系的美感。

　　点状构成和线状构成经常被运用在时装、职业装和休闲

图4-30　线状构成勾勒出服装的"形"　　　　图4-31　线状构成对服装进行面的分割

装中，或是起到勾勒形态的作用，或是达到强调个性的意图。在女性中年装上也有使用，一则迎合了中年女性希望通过服装体现年轻的心理特征，再则可使服装本身看上去更加典雅与考究。

3. 面状构成

面状构成是指服装面料艺术再造被大面积运用在服装上的一种形式。它是点状构成的聚合与扩张，也是线状构成的延展，如图4-32、图4-33所示。在服装设计中，面状构成通常会给人"量"的心理感受，具有极强的幅度感和张力感，这一点使之区别于前两种构成形式，因而它与服装的结构紧密结合在一起，其风格很大程度上决定了服装本身的风格。所以在进行服装面料艺术再造时，面状构成从形式、构图到实现方法的运用都需要更细致地考虑，使它与服装款式、风格相协调与融合。

面状构成的形式主要包括几何形和自由形两种。前者具

图4-32　点状构成聚合成面状构成

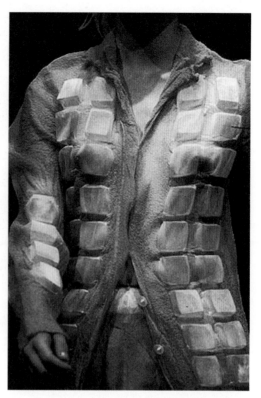

图4-33　现代感十足的几何形面状构成

有很强的现代感，如图4-34所示，后者令人感到轻松自然，传统的扎皱服装常采用后种形式。无论采用哪一种构成，都要注意面的"虚实"关系。在进行"实面"构成设计时，要注意实形构成所产生"虚面"的形式美感，以免因为"虚形"而影响了设计初衷的表达。

相比前两种构成，面状构成更易于表现时装的性格特点，如个性、前卫或华贵，其视觉冲击力较强。在服装上进行面状构成的服装面料艺术再造时，可运用一种或多种表现手法，但要注意彼此的融合和协调，以避免视觉上的冲突。

4.综合构成

综合构成是将上述各类型构成综合应用形成面料艺术再造的一种形式。多种构成形式的运用可以使服装展现出更为多变、丰富的艺术效果。点状构成与线状构成同时被运用在面料艺术再造中，会令服装呈现点状构成的活泼和明快的同时，兼有线状构成的精巧与雅致，如图4-35、图4-36所示。

值得注意的是，服装一旦被穿在人体上，展现出来的是

图 4-34 扎皱面状构成运用

图 4-35 点、线状构成综合运用

一个具有三维空间的立体，因此在设计时，需要进行多角度的表现和考虑，而不应只满足表现正面的艺术感染力，还应注意前后侧面综合构成、相互协调，以达到整体的美感。同时也要特别注意面料艺术再造之间及与服装之间的主从、对比关系的处理。

二、服装面料艺术再造的构成形式

基本形在面料再造中按照一定的形状、大小、方向等规律排列，这种内在的排列规律就是骨格。骨格通过不同的构成形式可以打造外观风格不一样的面料再造作品。

1. 相同骨格的一元构成

多个相同骨格以同一特征组合构成，如同一方向、同一色彩、同一体积等。这种构成形式容易产生规律和近似的变化，达到协调和韵律感。图 4-37

图 4-36 点、线状构成综合运用

所示将表层面料镂空后贴于底层毛料，形成重复排列的简洁图案，可用于秋冬各种不同风格的服装。图 4-38 所示将两种面料剪切成圆形，形成相同骨格后依序拼接而成，形成独特的风格特征。图 4-39 所示将黄色毛呢面料进行四方切割，缝制成风车状以钉珠固定，可用于休闲服装饰。图 4-40 所示将白色棉麻布料四周进行抽丝形成毛边，在面料中央粘贴白色毛线及珠子进行装饰，可用于优雅风格的服饰装饰。

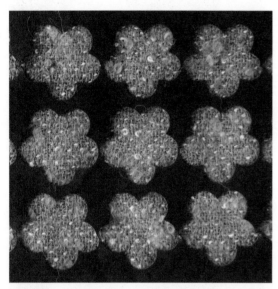

图 4-37　程梦影作品

图 4-38　洪美凤作品

图 4-39　蒋辰倩作品

图 4-40　蒋辰倩作品

2. 相同骨格的多元构成

同一骨格以不同特征构成，如疏密不同、面积不同、色彩不同等。多元的构成形式产生不同感觉的对比效果，如光亮与暗淡的对比、滑爽与粗糙的对比等多元的肌理效果。图 4-41 所示将深蓝色和米色毛呢面料进行配搭，将其裁剪为纵向及横向条纹进行编织，相同骨格以不同色彩呈现装饰效果。图 4-42 所示将表层面料镂空后在底层加以不同彩色的面料，并用钉珠加以装饰，形成明艳活泼的风格。

图 4-41 蒋辰倩作品

3. 相同骨格的多层次构成

通过相同骨格的多层次组合形成面与面的前后空间关系，产生虚实对比、起伏呼应，从而打造强调形态之间的距离感和深度感。图 4-43 所示将手工扎染棉麻面料裁剪成不同宽度的布条缝纫于一块基布上，将其顶端向不同方向扭曲固定，形成层次感。图 4-44 所示使用厚型面料进行造型设计，面与面相呼应，形成面料的立体感与深度感。

图 4-42 程卫芳作品

图 4-43 吴嘉栋作品

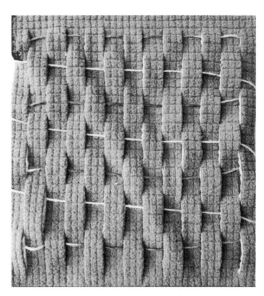

图 4-44 蒋辰倩作品

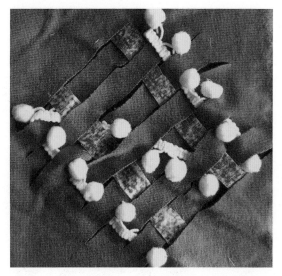

图 4-45　程梦影作品

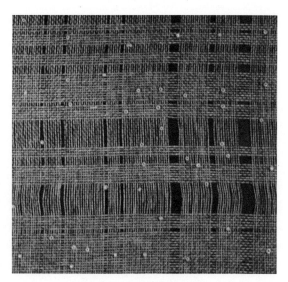

图 4-46　程卫芳作品

4. 不同骨格的多层次构成

将不同造型的骨格按照其特点整体组合，从而产生丰富的变化效果。但需要注意构成形式内在的统一与平衡，避免杂乱、零散。图 4-45 所示将两种蓝色梭织面料剪切之后进行编织，穿插白色毛绒织线，形成不同骨格的多层次构成。图 4-46 所示将平纹织物进行抽丝，达到镂空效果，附于面料表面，再加以亮珠装饰，形成相似骨格的装饰效果。

第五节　服装面料艺术再造的设计运用

服装面料艺术再造与服装设计紧密相连，两者不可分割。单纯地进行服装面料艺术再造而忽视服装设计的因素，会使服装面料艺术再造陷入到一种简单的艺术形式中。服装面料艺术再造不仅强调艺术性，追求美感，更应注重可穿性。因此只有将舒适性、可穿性放入服装设计的考虑中，才能真正实现其艺术价值和实用价值。将服装面料艺术再造运用在服装上，究竟是采用大面积平铺、还是局部装饰，或是以点线面的形式来表现，这要依据服装本身所要体现的风格和设计所要体现的主体来考虑。

一、服装面料艺术再造与服装设计的三大要素

服装面料艺术再造可以创造出个性化的服装，更有效地表现出服装造型和服装色彩的艺术魅力。服装面料艺术再造与服装设计之间存在着融合性和必然性。同时，服装设计的三大要素——造型设计、材料设计和色彩设计，对服装面料艺术再造均有十分重要的影响，在进行服装面料艺术再造时，需要将这些因素考虑在内。

1.服装面料艺术再造与服装造型的关系

在服装设计的过程中，服装面料艺术再造和服装造型两者之间经常互相影响、互相弥补。服装面料艺术再造与服装造型相结合所产生的美感，是服装设计中至关重要的环节之一。

服装的基本造型形态包括：H形（也称长方形），A形（也称正三角形、塔形），V形，T形（也称倒三角形），X形（也称曲线形）和O形。H形以直线造型为主，这种造型强调服装整体的流畅性，不收腰、不放摆，体现着宽松舒适。A形服装采用收紧服装上体，放宽下体的造型方法，易于突出女性优美的曲线，这种造型多用于礼服设计和表演服装设计。V形同A形服装相反，通过放宽服装上体、收紧下体的造型方法表现男装和夸张肩部设计的女装。T形服装被广泛使用，如马褂、蝙蝠衫、T恤衫等，宽大、放松、自然、随意是此类服装的主要视觉特点。X形服装以显现腰身为目的，适合表现女性阴柔性感的特点，常用于女装特别是礼服中。O形服装多用以掩饰女性丰满的体态，在创意服装设计中，O形有前卫、怪诞的意味。在实用服装设计中，则多用于孕妇装和童装的设计。

从另一个角度讲，服装面料艺术再造可以改变和丰富服装造型，如图4-47、图4-48所示。同样的服装款式，若采用不同的服装面料艺术再造如采用

图4-47 再造改变了服装造型（2005张肇达高级时装发布会作品）

图4-48 再造可以丰富服装造型

抽褶、编结、镂空手法，其最终的艺术效果截然不同。服装面料艺术再造使服装的造型语言得到了极大丰富，也为服装造型设计的创新提供了更加多彩的手段。具有丰富立体感的面料艺术再造与简单的服装造型结合在一起，可使人从视觉上重新认识原本简单的服装造型。三宅一生常利用立体裁剪法将其创造的"一生褶"在模特身上进行披挂、缠绕或变幻别褶手法，以充分体现面料艺术再造的独有魅力。经他独具匠心处理的面料对服装造型起了重要的补充作用。

2. 服装面料艺术再造与服装材料的关系

服装面料是服装面料艺术再造的物质基础，必须在适应服装面料特点的基础上，进行服装面料艺术再造。艺术再造的美化效果应建立在面料性能的基础上。例如，纯棉面料由于具有很好的着色性能，染色后色泽明快，传统上常采用印染方法实现面料艺术再造，而避免采用拉伸变形或压皱工艺方法，以免因面料定型差、无弹性而达不到艺术效果。又如麻面料在设计运用时常选取麻的本色、漂白色或染单色，很少印花，是为体现其粗犷的美感。设计时，注意回避面料弹性差、易褶皱、易磨损、悬垂性差的缺点，可采用拼接、补花、贴花、拉毛边等手法丰富效果。还可在麻布上设计规则的几何纹样，采用十字绣的刺绣手法改变麻布原来的感觉，有时甚至还能带来十足的民族手工艺的味道。在进行毛面料的面料艺术再造时，应以体现面料本身的高贵质感为前提，采用压花、印花、绣花、附以珠绣、造立体花等常用方法都可以得到很好的视觉效果。丝绸面料柔软滑爽、光泽亮丽、悬垂性好，对其进行面料艺术再造的常见手法有刺绣、彩绘、印花等。皮革面料坚挺、不易变形，再造时可采用剪切、压花、拼接、烫烙及配金属件等。不同面料的特点决定了各自再造的实现方法。

另一方面，即使是同样的方法在不同的面料上体现出来的效果也各有千秋，如图4-49、图4-50所示。因此，设计师要体验面料的性能，反复实验，以掌握其再造的本质。在设计时，应充分利用不同面料各自的特点，同时可运用多种面料组合，弥补单一服装面料无法表达和实现的艺术效果。

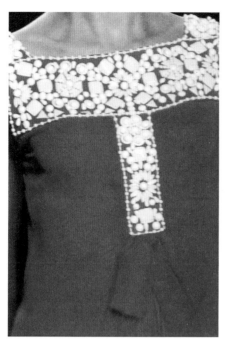

图 4-49 同样的元素在不同面料上的运用

图 4-50 同样的元素在不同面料上的运用

3. 服装面料艺术再造与服装色彩的关系

服装设计离不开色彩。通常来讲，色彩有"先声夺人"的作用，色彩在服装上具有特殊的表现力。进行服装面料艺术再造时，要依托服装的色彩基调。影响色彩基调选择的因素有服装的表现意图、着装者的个人情况和流行色的影响等，因此运用时，要以面料艺术再造进行色彩点缀、强调或调和，以便做到服装整体色彩的统一与和谐。

色彩的调和包括色彩性格的调和与色彩面积比例的调和。一般来说，色彩性格相近的颜色比较容易调和。如强烈的红色、黑色、白色相调和，可以产生鲜明、夺目的视觉效果（图 4-51）；而柔弱的灰色系则能够表现柔和、优美的感觉。色彩面积比例的关系直接影响到配色的调和与否。特别是在服装色彩调和中，掌握面积比例的尺度是色彩搭配的关键。面积相等的两块色彩搭配会产生离

图 4-51 色彩性格的调和

心效果，有不调和之感。把面积比为 1:1 的红、绿两块互补色搭配会产生分离的感觉，而面积比为 1:3 的同样两块颜色，就会有从属的感觉，可以融合在一起。在实际的服装色彩搭配中，通常使色彩的面积比例达到 2:3、3:5 或 5:8，以此对比，易产生调和美，如图 4-52 所示。

色彩的强调是指，在服装色彩搭配过程中突出某部分的颜色，以弥补整体色彩过于平淡的感觉，将人们的视线引向某个特点部位，从而起到色彩强调的作用，如图 4-53 所示。

通常来说，选定一种色相后，可以对其不同色阶从深到浅或由浅到深进行过渡，从而构成渐变的格式，如图 4-54 所示。也可以选用两种同一色相的色彩，在微弱的对比中形成明快的设计风格，如图 4-55 所示。如果选用不同色相的色彩，形成大的对比与反差，要在面积上考虑大小的主辅关系，在色相上考虑冷暖的依存关系，在明度上考虑明暗的对比关系，在

图 4-52　色彩的从属调和

图 4-53　色彩强调了胸部的艺术效果

图 4-54　裙子上同色相的纯度变化

纯度上考虑差异的递进关系，以此来取得变化统一的美感。

　　不同面料的特性可以改变人们的视觉感受。一般而言，质地光滑、组织细密、折光性较强的面料，呈色会显得明度较高、纯度较强、有艳丽鲜亮之感，而且色彩倾向会随光照的变化而变化；而质地粗糙、组织疏松、折光性较弱或不折光的面料，色彩则相对沉稳，视觉效果的明度、纯度接近本色或偏低，有淳厚朴素、凝重或暗淡之感，如图 4-56 所示。这些在进行服装面料艺术再造配色时都需要考虑。

　　服装面料艺术再造不但要求本身的形与色要完美结合，还应考虑服装面料艺术再造与服装整体在色彩上的协调统一。

　　谈到服装色彩时，不可避免地要涉及服装流行色的运用。总部设在法国巴黎的"国际流行色协会"每年要进行流行色预测，其协会各成员国专家每年召开两次会议，讨论未来 18 个月的春夏或秋冬流行色定案。协会从各成员国提案

图 4-55　色相的弱对比　　　　　　图 4-56　同样色彩、不同面料产生不同视觉感受

中讨论、表决、选定一致公认的流行色。国际流行色协会发布的流行色定案是凭专家的直觉判断来选择的，西欧国家的一些专家是直觉预测的主要代表，特别是法国和德国专家，他们一直是国际流行色界的权威，他们对西欧的市场和艺术有着丰富的感受，以个人的才华、经验与创造力设计出代表国际潮流的色彩构图，他们的直觉和灵感非常容易得到其他国代表的认同。中国的流行色由中国流行色协会制定，他们是经过观察国内外流行色的发展状况、在取得大量的市场资料后，在资料的基础上作分析和筛选而制定，在色彩制定中加入了社会、文化、经济等因素的考虑。

流行色的预测和推出是建立在科学分析的基础上，因此运用流行色更易于取得最佳的色彩效果，同时会对时装潮流起到推动作用。然而在设计时完全套用流行色却是不可取的。实际上流行色最适用于T恤、便装、饰品等成衣类市场。在选用时要考虑服装的种类和着用目的。

流行色本身是很感性的东西，而有些流行色也正是来自消费者的意向。因此对流行色的灵活运用，可以充分体现服装设计者的艺术修养。

二、服装面料艺术再造在服装局部与整体上的运用

1.服装面料艺术再造的局部运用

在服装的局部进行面料艺术再造可以起到画龙点睛的作用，也能更加鲜明地体现出整个服装的个性特点，其局部的服装面料艺术再造位置包括边缘部位和中心部位。值得注意的是，同一种服装面料艺术再造运用在服装的不同部位会有不同的效果。

（1）边缘部位：边缘部位指服装的襟边、领部、袖口、口袋边、裤脚口、裤侧缝、肩线、下摆等。在这些部位进行服装面料艺术再造可以起到增强服装轮廓感的作用，通常以不同的线状构成或二方连续的形式表现，如反复出现的褶线、连续的点或工艺方法以及二方连续的纹样等。如图4-57~图4-60所示。

图 4-57　连续的褶皱线勾勒出领口轮廓

图 4-58　大波浪曲线构成强调领口和袖口

图 4-59　规律性的虚点增强平面服装的轮廓感

图 4-60　运用刺绣形式装饰服装的边缘部位

图 4-61　胸前立体褶引人注目

（2）中心部位：中心部位主要指服装边缘之内的部位，如胸部、腰部、腹部、背部、腿部等。这些部位的服装面料艺术再造比较容易强调服装和穿着者的个性特点。在服装的上胸部应用立体感强的服装面料艺术再造，会具有非常强烈的直观性，很容易形成鲜明的个性特点，如图 4-61 所示。一件服装，通常是领部和前襟最能引人注目，因此要想突出某种服装面料艺术再造，不妨将之运用在这两个部位（图 4-62、图 4-63），如 20 世纪 40 年代，男装正式礼服中的衬衫经常在胸前部位采用褶裥，精美而细致，个性鲜明。服装的背部装饰比较适合采用平面效果的服装面料艺术再造。服装面料艺术再造单

图 4-62　立体构成的领部设计

图 4-63　同样单位的纹饰反复构成形成胸部焦点

纯地运用于腹部不容易表现，特别是经过立体方法处理的面料更不易表现好，但可以考虑将之与腰部、胸部连在一起，或与领部、肩部做呼应处理。运用于腰部进行服装面料艺术再造最具有"界定"功能，其位置高低决定了穿着者上下身在视觉上给人的长短比例。

2. 服装面料艺术再造的整体运用

服装面料艺术再造的整体运用可以表现一种统一的艺术效果，突破局部与点的局限。将服装整体设计为面料再造的表现载体，其艺术效果强烈。如图4-63、图4-64中堆砌手法的运用，简单而平实；图4-65中面料经压皱处理后，制成朴素优雅风格的礼服，别具一格；图4-66所示为面料拼接的运用；图4-67所示为采用编织手段，此处应注意避免其因重复而陷入单调的形式中。

图4-64 服装整体堆砌手法的艺术再造

图4-65 面料压皱处理的艺术再造

图 4-66　服装整体运用拼接法的艺术再造

图 4-67　服装整体运用编织法的艺术再造

思考题

　　1.举例说明，不同造型的服装在进行服装面料艺术再造时应把握哪些设计原则？

　　2.面料艺术再造的部位对服装整体设计的影响有哪些？

练习题

　　针对第三章练习，从中选择3~4块面料，指出其可应用于何种服装？怎样应用？

服装面料艺术再造的灵感来源

课题名称：服装面料艺术再造的灵感来源

课题内容：来源于自然界的灵感

来源于历代民族服装的灵感

来源于其他艺术形式的灵感

来源于科学技术进步的灵感

课题时间：6课时

训练目的：通过正确全面地认识服装面料艺术再造的灵感来源，丰富学生对服装面料艺术再造的设计理念，开拓服装面料艺术再造的设计思维。

教学要求：1. 使学生充分了解服装面料艺术再造的灵感来源。

2. 使学生准确把握服装面料艺术再造的灵感来源与设计主题的关系。

课前准备：阅读相关设计学与艺术史方面的书籍。

第五章 服装面料艺术再造的灵感来源

图5-1 将动物毛皮作为设计和表现的灵感

图5-2 五彩的羽毛赋予整个设计丰富的色彩和质地

设计灵感是设计者进行服装面料艺术再造的驱动力。灵感的产生或出现都不是凭空的，它是设计者因长时间关注某事物而在大脑思维极为活跃状态时激发出的深层次的某些联系，是设计者对需要解决的问题执著地思考和追求的结果。在面料艺术再造方面，它表现为设计者不断辛勤的、独特的观察和严谨的思考，并辅以联想和想象，通过各种工艺和艺术手段，实现服装面料艺术再造。

总的来说，服装面料艺术再造的设计灵感可以来源于宇宙间存在的万事万物。

第一节 来源于自然界的灵感

大自然是服装面料艺术再造最重要和最广博的灵感来源。大自然赋予这个世界无穷无尽美丽而自然的形态，为人类的艺术创作提供了取之不尽、用之不竭的灵感素材。自然界中的形态和材质，如动物的皮毛或躯干结构、鸟类的多彩羽毛、昆虫的斑斓色彩、植物的丰富形态、树皮或岩石的纹理，都孕育着无限可寻求的灵感，如图5-1、图5-2所示。自然界中的竹、木、骨、贝壳、藤、羽毛、金属、绳等材质，也都纷纷受到设计师的青睐。他们运用现代与传统相结合的艺术手法，将设计与自然形态和

图 5-3　源于自然的材质构成了服装的亮点

图 5-4　自然的材质与现代形式使服装充满了创意

自然材质融为一体，创造出许多充满创意的时装佳品，如图 5-3、图 5-4 所示。英国服装设计师亚历山大·麦克奎恩（Alexander Mcqueen）在1997~1998 年秋冬时装发布会的作品，其设计灵感源自森林和野兽，皮草之上的剪切是鳄鱼的剪影，毛皮之上的图案是兽纹的写实。意大利服装设计师雷欧娜（Leonard）在 2002~2003 年秋冬时装发布会中所展示的以自然为题材设计的服装，是通过在面料上进行平面图案设计得到极强的视觉冲击力。英国设计师玛丽亚·格拉茨沃格（Maria Grachvogel）设计的一款晚礼服长裙，其上身经典的镂空花饰装点的设计灵感来于自然，如图 5-5 所示。

　　在日常生活中，看似平常的物品，也会带给服装面料艺术再造一些灵感启示。如在揉皱的纸

图 5-5　源于自然花饰的镂空服饰华丽而有层次

条、交结的线绳、堆积的纽扣、裂纹的木梁、起皱的衣服、成团的毛线、悬挂的门帘、皱起的被单、滴落的油漆、摆放规则的瓦片、凹凸不平的小路、砖石铺砌的墙面、灯光闪烁的高楼、沾满羽毛的铁丝网、变化的光影、经过人工处理的金属、家具、电器外形中可能就蕴含了服装面料艺术再造的设计灵感。我们生活的空间中存在相当多的设计元素，如在收集图片、观看时装表演、留意街头文化和日常穿着时，都可能有灵感产生。三宅一生经常找寻次品布、草席、地毯零头、麻绳等废料，以便从中获得更多的启示和设计灵感。

灵感的来源可以被归纳和追溯，但其形成过程是不可言传的。日本著名服装设计大师山本耀司曾说"对事物新奇感的追求，乃是创作上所能提供的灵感源泉"。很平常的事物，在设计大师眼中，也有其不同凡响的一面，蕴涵着丰富的灵感。对服装设计者来说，丰富的设计灵感是一种必备的基本素质。

值得注意的一点是：并非所有的灵感都能最终发展为面料艺术再造的构思，因此也不能简单地理解为有了面料艺术再造的设计灵感，就一定能设计出理想的服装。对于灵感还需要进行概括、提炼、归纳、选择和组合，以更好地适应服装所要表现的意境和风格。如果说进行面料艺术再造构思时需要的是发散思维，那么在将它转变为服装设计时更多需要的是收敛思维，在两者适当结合之下，服装面料艺术再造作为服装设计的一部分，才有真正的现实意义。

第二节　来源于历代民族服装的灵感

历代民族服装是现代服装设计的根基，同时它是人们智慧的结晶，凝结了人类的丰富经验和审美情趣，亦成为后人进行服装面料艺术再造的艺术依据之一。

中国的刺绣以及镶、挑、补、结等古代传统工艺形式，西洋服装中的流苏、布贴及立体造型如抽皱、褶裥、嵌珠宝、花边装饰、切口堆积、毛皮饰边等方法，都是服装面料艺术再造的形式。各民族有迥然不同的服饰文化和服饰特征，文化的差异往往使设计师产生更多的艺术灵感，民族和传统服饰是服装设计师进行服装面料再造的重要艺术依据。

20世纪初，西方社会流行的"俄罗斯衬衫"在设计上主要源于俄罗斯的民间服装，这种衬衫通常将大量经过抽纱和刺绣的面料运用在高高的领口、前襟、袖口和肩部，而前胸部分采用经过排折而成的面料。

昔日美国西部牛仔的披挂式装束，造就了当今受时尚界推崇的牛仔破烂风格，在一度风靡的水洗、酸洗、磨光、退色、折皱、毛边等作旧手法基础上，运用打褶、拼缝、镂空、缉明线、特殊印染（如数码印染）等手法组合和塑造牛仔面料，从而使牛仔服装展现出异样完美的艺术效果。这种新的牛仔服装展现了一种破烂的时髦，同时它更代表了一种叛逆主流、张扬个性的牛仔精神。

以传统文化为根基的法国设计师克里斯汀·拉夸（Christian Lacroix）的作品经常有来自巴洛克、洛可可的华丽复古风格的体现。

法国著名服装设计师约翰·加里亚诺（John Galliano）的作品中经常透露出浓郁的民族形式和色彩，在他2002年的时装发布会上展现的一款长袖印花上衣就是以东方民族服饰为设计依据，充分体现了绚丽的东方图案和色彩。

法国时装设计师让·保罗·戈蒂埃（Jean Paul Gaultier）的作品中，其面料的重新组合有藏族服饰和东亚图案的影子。从这位被称为"灵感的发动机"的设计大师的创作中经常可以看到民族文化的影响。

在三宅一生的作品中可以看出大和民族的审美理念和来自和服服饰的素材，而他创造的金属丝、塑料片结构的服装灵感来自日本武士的盔甲装束。

此外，日本著名的服装设计师川久保玲（Rei Kawakubo）、高田贤三（Kenzo Takada）也常从本民族的文化中获取营养。这些日本设计师都对本民族的文化有深入的研究和理解，中国服装设计师在学习外国先进设计理念的同时，也应该很好地挖掘来自本民族的设计创意点。通过实地采风，可以了解中华大地上的各民族在不同的生活背景和风俗习惯的作用下，形成的各自独特的服饰风格和内涵。这些迥然不同的服饰，为服装面料再造提供了丰沛的创作依据。在设计时，只有了解了其中的内涵，才能得心应手地运用其服饰造型、色彩和纹样的美学风格特征或间接选取其中的偶然效果。

白族的扎染，苗族、壮族、侗族等民族的刺绣、蜡染，傣族、景颇族等民族的织锦、银饰，瑶族妇女的头饰，藏族的服饰、配件及其他民族的服饰式样和图案都可以作为服装面料艺术再造的灵感来源，如图5-6、图5-7所示。图5-8是一系列灵感来源于苗族银饰作品的服装，将普通的色布进行撕条卷绕盘叠，构成了服装的整体风格，既时尚又具民族特色。

图5-6 民族服饰独特的工艺为服装面料再造提供了创作依据

图5-7 少数民族服饰图案、工艺是进行面料艺术再造的灵感来源

图 5-8　一系列以苗族的银饰为灵感的设计作品（作者李欣竹）

第三节　来源于其他艺术形式的灵感

　　服装面料艺术再造作为一种设计，不是孤立地存在于其他艺术形式之外的单体。许多艺术形式，如绘画、雕塑、装饰、建筑、摄影、音乐、舞蹈、戏剧、电影等，不仅在题材上可以互相借鉴、互相影响，也可以在表现手法上融会贯通，这些都是服装面料艺术再造的艺术依据。面料艺术再造可以从各种艺术形式中吸收精华，如在雕塑和建筑中的空间与立体、绘画中的线条与色块、音乐中的节奏与旋律、舞蹈的造型与动态中得到设计灵感。在服装面料艺术再造中，姊妹艺术中的某个作品被演绎成符合服装特点的形态是常用的方法。

一、绘画

　　绘画作为一种平面艺术，一直没有停止过对服装设计的

图 5-9　源于绘画的服装创意

图 5-10　用绘画题材丰富面料

影响，服装设计中的新风格、新形式，很多都是从绘画中得到素材而增添了服装面料本身的魅力和艺术内涵。无论是古典的，还是现代的绘画，如立体派（代表人物毕加索）、野兽派（代表人物马蒂斯）绘画，或是中国的白描、山水写意，或是日本的浮世绘等，都可以结合不同的表现手法，巧妙合理地运用在服装面料艺术再造中，而且常会得到意想不到的艺术效果，如图 5-9~ 图 5-12 所示。

14 世纪意大利流行的吉奥蒂诺服是受到当时著名的绘画大师吉奥蒂诺的绘画的影响，这种服装的边缘装饰着华丽的刺绣图案。

18 世纪的华托裙体现了罗可可时期的服装风格，其款式经常出现在画家华托的作品中，对当时和后世的服装及面料的艺术设计很有影响。

美国流行艺术大师安迪·沃霍尔（Andy Warhol）对服装界曾有过巨大的影响。他曾尝试用纸、塑胶和人造皮革做衣服，用他别具一格的波普艺术来设计服装。他 1962 年创作的"玛丽莲·梦露"作品系列成为后辈设计师的取材元素。

1965 年，伊夫·圣洛朗（Yves Saint Laurent）的代表作"蒙德里安裙"是对荷兰冷抽象画家蒙德里安（Piet Mondrian）的作品《红、黄、蓝构图》的立体化体现，此外毕加索的作品也给圣洛朗的设计提供了来自图案方面的艺术依据。

法国的夏帕瑞丽（Elsa Schiapavelli）擅长将以刺绣或丝织绦带手法实现的面料艺术再造运用在女性的外衣和连衣裙上，其设计依据源于超现实主义。

20 世纪 80 年代初，有服装设计师推出

图 5-11　日本浮世绘风格在服装中的运用

图 5-12　古埃及陵墓中的壁画在服装上的描绘显示了面料再造的魅力

"毕加索云纹晚服"，其多变的涡形"云纹"是在裙腰以下运用绿、黄、蓝、紫、黑等对比强烈的缎子料，并将其在大红底布上再镶纳而构成的。

设计师加里亚诺在 Dior 2004 年春夏高级时装发布会上的作品中，将古埃及陵墓中的壁画描绘在衣裙上，奢华的金黄色调不仅再现了艳丽华贵的埃及王后风范，更显示了面料再造的魅力，体现着高级时装的绝佳创意与完美工艺。

二、建筑

建筑是服装面料艺术再造的主要艺术依据之一。将建筑形态直接或间接地移植到服装面料上是很常用的方法，如

图 5-13 建筑形态在服装上的直接运用

图 5-14 空间构成的巧妙应用突显服装的风格

图 5-13、图 5-14 所示。

12 世纪的哥特式建筑以尖顶拱券和垂线为主、高耸、富丽、精巧等特点所构成的风格曾经直接影响了服装的形式。当时男子穿的紧身裤常出现两条裤腿分别用两种不同颜色的现象，这与哥特式建筑中不对称地使用色彩的手法极为相似，同时在面料上制作凹凸很大的褶皱，增强了服装的体积感。

17 世纪气势磅礴、线条多变的巴洛克风格建筑影响到服装上，表现为装饰性强、多曲线、色彩富于光影效果、整体效果有气势等特色。这个时期的服装，通过在天鹅绒、麦斯林、锦缎、金银线织物、亚麻、皮革及毛皮等面料上运用大量刺绣、花边和装饰图案（各种花卉和果实组合而成的"石榴纹"图案非常流行）形成活泼、豪华的风格。

18 世纪的罗可可建筑风格轻快柔美。此时的女服常用褶状花边面料，或采用方格塔夫绸、银条塔夫绸、上等细麻布、条格麻纱等柔软轻薄面料营造新的面料艺术效果。

以上几大西方建筑风格对服装面料艺术再造都是有力的艺术影响。我们没有必要去照搬照抄这些建筑风格和形式，但可以从中寻找一些设计元素来丰富面料的再造。

一些时候，服装其实是建筑的缩影。在中国北方的游牧民族（如蒙古族）的服装上绘制或刺绣着大量的花卉和装饰花边，经过仔细观察，便不难看出这是"蒙古包"建筑在其服装上的再现。而这种再现是通过面料艺术再造来充分体现的。1910 年，法国的服装设计师保罗·布瓦列特（Paul Poiret）创造的豪华服装"尖塔服"，从腰部以下用层层阶梯式多褶裙构成塔状，其创作艺术依据是清真寺的尖顶结构。

其他如南亚的缅甸、泰国、斯里兰卡等国家的建筑金碧辉煌，反映在服装上是使用大量的金黄色面料。2003 年，土耳其本土设计师以伊斯兰教堂为设计的艺术依据，将建筑物的室内外色彩和形状构成设计概念，表现在面料上。

受建筑风格影响的服装风格，更强调三维的空间构成。川久保玲的作品中常展现出来源于现代建筑的美学概念，从其经过精心面料再造的服装上可以清晰地看到空间构成的影子和魅力。

三、其他艺术

除上述所提及的各种形式的灵感来源外，在中国现代时装表演中，脸谱图案频频地展现在 T 形台上，这不是偶然的现象。脸谱是采用写实和象征互相结合的夸张手法，表现某些人物的面貌、性格、年龄特征的一种面具艺术。在服装面料上出现的戏剧脸谱更多地体现着装饰特征，如图 5-15 所示。

三宅一生著名的"一生褶"是以古老的传统折纸为艺术依据（图 5-16），同时他还提取本民族的文身艺术中的纹样作为服装图案。

图 5-15 将脸谱艺术在服装上体现

图5-16　源自日本传统折纸艺术的三宅一生作品

图5-17　夏帕瑞丽的作品

　　山本耀司最擅长运用立体派艺术，结合精练的剪接技巧，将层层套叠的面料表现在服装上。

　　夏帕瑞丽与超现实主义运动结盟，运用其富有异国情调的想象力，设计了用视错法绘制的泪珠图案的昂贵礼服，令人惊叹。图5-17是她的作品。

　　在2003年丹麦哥本哈根时装周上，设计师纳娅·蒙特（Naya Mont）和卡伦·西蒙森（Karron Simonsen）成功地运用绉纱、碎丝、粗斜纹棉布、平针织物、帆布和皮革等多种面料，将浪漫元素、运动精神和嬉皮风格融合在一起，采用大胆的色彩、风格化的手绣和十字绣，塑造了服装面料再造的新视觉，如图5-18所示。

图 5-18　设计师纳娅·蒙特和卡伦·西蒙森的作品

第四节　来源于科学技术进步的灵感

　　科学技术进步的成果在为服装设计师提供必要条件和手段的同时，也引发了新的服装面料艺术再造的设计灵感。每次新材料和新技术的出现和应用都给服装面料艺术再造带来新的生机，特别是在20世纪，面对大量出现的新材料和新技术，服装界人士纷纷利用高科技手段改造服装面料的艺术效果（图 5-19）。巴克·瑞邦在 1966 年秋冬服饰展中，开始以革命性的"缝制"技术推出以金属片组合的铠甲时装。他的设计灵感、对服装材质的大胆运用和对工艺手法的采用都离不开科技进步。而三宅一

图 5-19　利用高科技手段制作的金属片组合的铠甲时装

生的褶皱是运用机器高温压褶的手段直接依人体曲线或造型需要调整裁片和褶痕的。其衣服的外观随弯曲、延伸等动作展现出千姿百态，也是在新技术出现后才得以实现的特殊效果。

思考题

怎样把握服装面料艺术再造不同灵感来源与服装设计主题的统一？

练习题

分小组在校园内运用拓印的手法，收集不同肌理感的图片10幅。

服装面料艺术再造的实现方法

课题名称：服装面料艺术再造的实现方法

课题内容：服装面料的二次印染处理

　　　　　服装面料结构的再造设计

　　　　　服装面料添加装饰性附着物设计

　　　　　服装面料的多元组合设计

　　　　　服装面料艺术再造的风格分类

课题时间：14 课时

训练目的：通过正确全面地认识服装面料艺术再造的实现方法，结合
设计灵感的灵活运用，提高学生对服装面料艺术再造的设
计动手能力，体验使设想物化的过程以及各个实现方法的
不同与效果。

教学要求：1. 使学生充分掌握服装面料艺术再造的实现方法。

　　　　　2. 使学生准确认识服装面料艺术再造的实现方法与服装设
　　　　　　 计的关系。

课前准备：阅读相关服装设计与服装材料等方面的书籍。

第六章　服装面料艺术再造的实现方法

　　服装面料艺术再造的实现方法是实现其艺术效果的重要保证。服装面料艺术再造的实现方法很多，在这里，以再造的加工方法和最终得到的艺术效果为划分依据，将服装面料艺术再造的实现方法分为服装面料的二次印染设计、服装面料结构的再造设计、服装面料添加装饰性设计以及服装面料的多元组合设计等。

第一节　服装面料的二次印染处理

　　这是指在服装面料表面进行一些平面的、图案的设计与处理。通常是运用染色、印花、手绘、拓印、喷绘、轧磷粉、镀膜涂层等方法对面料进行表面图案的平面设计，达到服装面料艺术再造的目的。其中以印花和手绘最为普遍，常用于现代服装中的"涂鸦"艺术基本是这些手段的延用。

一、印花

　　用印花的方法可以比较直接和方便地进行服装面料艺术再造。通常有直接印花、防染印花两大类。

1. 直接印花

　　直接印花，指运用辊筒、圆网和丝网版等设备，将印花色浆或涂料直接印在白色或浅色的面料上。这种方法表现力很强，工艺过程简便，是现代印花的主要方法之一。世界许多知名设计师都有自己的面料印花设备（Fabric Front Line），根据所设计的服装要求，自己设计并小批量生产一些具有特殊风格的面料。

2.防染印花

防染印花，是在染色过程中，通过防染手段显花的一种表现方式，常见的有蓝印花布、蜡染、扎染和夹染。这些方法是我国传统的印染方法，也是实现面料艺术再造的常用方法。

（1）在蓝印花布的制作中，先以豆面和石灰制成防染剂，然后通过雕花版的漏孔刮印在土布上起防染作用，再进行染色，最后除去防染剂形成花纹。蓝印花布的图案多以点来表现，这主要是受雕版和工艺制作的限制。

（2）蜡染是将融化的石蜡、木蜡或蜂蜡等作为防染剂，绘制在面料和裁成的衣料上（绘制纹样可使用专用的铜蜡刀，也可用毛笔代替），冷却后将衣料浸入冷染液浸泡数分钟，染好后再以沸水将蜡脱去。被蜡覆盖过的地方不被染色，同时在蜡冷却后碰折会形成许多裂纹，经染液渗透后留下自然肌理效果，有时这种肌理效果是意想不到的，如图6-1所示。蜡染的染色方法常用的有两种：浸染法和刷染法。浸染法是把封好蜡的面料投入盛有染液的容器中，按所使用染料的工艺要求进行浸泡制作。而刷染法是用毛刷或画笔等工具蘸配制好的染液，在封好蜡的面料表面上下直刷，左右横刷或局部点染，得到多色蜡染面料。一般漂白布、土布、麻布和绒布都可运用蜡染实现服装面料艺术再造，所用染料主要有天然染料和适合低温的化学染料。

（3）扎染是通过针缝或捆扎面料来达到防染的目的。各种棉、毛、丝、麻以及化纤面料表面都可运用扎染方法进行服装面料艺术再造。经过扎染处理的面料显得虚幻朦胧，变化多端，其偶然天成的效果是不可复制的。扎染的最大的特点在于水色的推晕，因此，设计时应着意体现出

图6-1　运用传统的蜡染手法实现

图6-2　复色染色的扎染效果

捆扎斑纹的自然意趣和水色迷蒙的自然艺术效果。扎染的染色方法包括单色染色法和复色染色法。前者是将扎结好的面料投入染液中，一次染成。后者是将扎结好的面料投入染液中，经一次染色后取出，再根据设计的需要，反复扎结，多次染色，以形成色彩多变、层次丰富的艺术效果（图6-2）。

扎染工艺的关键在于"扎"，扎结的方法在很大程度上决定了其最后得到的艺术效果。归纳起来，有以下三种扎结方法。

撮扎：这种方法是在设计好的部位，将面料撮起，用线扎结牢固。经染色后，因防染作用，在扎线间隙处会出现丰富多变的色晕，形成变化莫测的抽象艺术效果。

缝扎：这种方法是用针线沿纹样绗缝，将缝线扎牢抽紧。经染色后，即产生虚无缥缈、似是而非的纹样。

折叠法：这种方法是将面料本身进行多种不同的折叠，再用针线以不同的技法进行缝针牢固，染色后便形成新的艺术效果。

（4）夹染是通过板子的紧压固定起到防染作用。夹染用的板子可分为三种：凸雕花板、镂空花板和平板。前两者是以数块板将面料层层夹住，靠板上的花纹遮挡染液而呈现纹样，这种夹染能形成精细的图案；后者是将面料进行各种折叠，再用有形状的两板夹紧，进行局部或整体染色来显现花纹，这种方法形成的图案抽象、朦胧，接近扎染效果。

3. 拔染印花

拔染印花，是在染好的面料上涂绘拔染剂，涂绘之处的染色会退掉，显出面料基本色，有时还可以在拔后再进行点染，从而形成精细的艺术效果。拔染印花的特点是面料双面都有花纹图案，正面清晰细致，反面丰满鲜亮。这种方法得到的面料再造适用于高档服装。

4. 转移印花

转移印花，是先将染料印制在纸面上，制成有图案的转印纸，再将印花放在服装需要装饰的部位，经高温和压力作用，将印花图案转印在面料上。另外，还可以将珠饰、亮片等特殊装饰材料通过一定的工艺手段转移压印在面料上，形成亮丽、炫目的面料艺术效果再造。转移印花在印后不必再经过洗涤等后处理，工艺简单，花纹细致。

5.数码印花

数码印染是印染技术和电脑技术的完美结合，它可进行2万种颜色的高精密图案印制，大大缩短了从设计到生产的时间。

近年来，随着纺织品数码印花技术的不断进步和发展，设计师通过数码印花技术把花型图案喷绘在服装面料上，赋予服装面料新的内涵，为面料艺术和成衣设计提供了新的技术指导。传统印花技术可以通过化学和物理手段产生很多风格效果，比如烂花、拔染、防染、打褶等，数码印花虽然采用直接喷绘和转移印花的技术原理，但是它不仅可以达到传统印花的效果，而且还能达到传统印花技术不能达到的效果。这种特殊的、新型的面料花型效果是数码艺术和数码技术的产物，它符合人们新的审美观念和个性化的需求。

数码印花技术下的数码花型具有广阔的色域。数码印花技术相对于传统印花技术而言，最大的优越性在于理论上可以无限地使用颜色，换言之，数码花型的颜色数量不受限制。任何能在纸上打印的图像都能在面料上喷绘出来。通常传统印花由于受工艺的局限和资金的影响，它的套色数量是一定的，而数码印花突破了传统印花的套色限制，印花颜色能够相对匹配，无须制版，尤其适合精度高的图案。同时，不断更新的墨水、颜色管理软件和数码印花机又为广阔色域和高质量印花品质提供了有效的保证，可实现面料纹样的多样风格和多种视觉效果。如图6-3所示的分别是合成效果、光感效果和动感效果的面料纹样。

数码印染技术改变着传统的设计理念和设计模式，

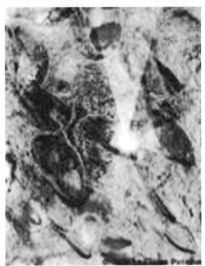

图6-3　不同的数码工艺产生不同的图案风格

101

设计师应该在掌握这一高科技技术的基础上，实现更为丰富的面料艺术再造效果。

二、手绘

手绘在古代称为"画花"，即用笔或者其他工具，将颜料或染料直接绘制于织物上的工艺。手绘的最大特点是不受花型、套色等工艺的限制，这使得设计构思和在面料上的表现更为自由。常用的手绘染料包括印花色浆、染料色水以及各种涂料、油漆等无腐蚀性、不溶于水的颜料。涂料和油漆类不适合大面积使用，它们会导致面料发硬，因而影响面料的弹性和手感。常用的手绘工具有各种软硬画笔、排刷、喷笔、刮刀等。各种棉、毛、丝、麻以及化纤面料表面都可运用手绘方法实现面料艺术再造。一般在浅色面料上手工绘染，可使用直接性染料，在深色面料上则用拔染染料，也可用涂料或油漆做一些小面积的处理。从着色手法上讲，在轻薄的面料上，不妨借鉴我国传统的山水画的技法，以色彩推晕的变化方法取得高雅的带有民族情趣的艺术效果，而在朴素厚实的面料上则可运用水彩画或油画的技法与笔触，得到粗犷的艺术效果。通常在进行手绘时，还借用一些助绘材料，如树叶、花瓣、砂粒、胶水等与面料并无直接关系的物质，采用拓印、泼彩、喷洒等手法来表现某些特殊的肌理。

第二节　服装面料结构的再造设计

根据工艺手段的不同以及产生的效果，服装面料结构的再造可分成结构的整体再造（变形设计）以及结构的局部再造（破坏性设计）。

一、服装面料结构的整体再造——变形设计

服装面料表面结构的整体再造也称为面料变形设计，它是通过改变面料原来的形态特性，但不破坏面料的基本内在结构而获得，在外观上给人以有别"原型"的艺术感受。常用的方法有打褶（图6-4）、折叠、抽纵、扎结、扎皱、堆饰（浮雕）、扎花（图6-5）、表面加皱（图6-6）、烫压、加皱再染（图6-7）、印皱加皱再印等。

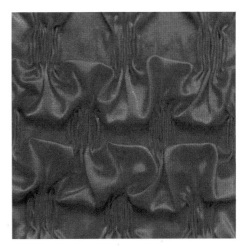

图6-4　打褶

图6-5　扎花

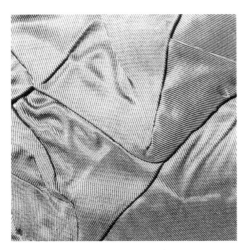

图6-6　表面加皱

图6-7　加皱后染色带给服装强烈的立体感和艺术效果

打褶是将面料进行无序或有序的折叠形成的褶皱效果；抽纵是用线或松紧带将面料进行抽缩；扎结使平整的面料表面产生放射状的褶皱或圆形的凸起感；堆饰是将棉花或类似棉花的泡沫塑料垫在柔软且有一定弹性的衣料下，在衣料表面施以装饰性的缉线所形成的浮雕感觉。值得一提的是经过加皱再染、印皱加皱再印面料的方法形成的服装面料在人体运动过程中会展现出皱褶不断拉开又皱起的效果，如果得到色彩的呼应，很容易造就变幻不定、层次更迭的艺术效果。

面料结构的整体再造设计一般采用易于进行变形加工的不太厚的化纤面料、一旦成形就不易变形。面料变形可以通过机械处理和手工处理得到。机械处理一般是通过机械对面料进行加温加压，从而改变原有面料的外观，如图6-8所示。这种方法能使面料具有很强的立体感及足够的延展性。以褶皱设计为例，这种设计方法是使面料通过挤、压、拧等方法成形后再定形完成，它常常形成自然且稳定的立体形。原来平整的面料经过加工往往会形成意想不到的艺术效果。手工处理的作品更具有亲和力，通常是许多传统工艺（如扎皱）的重新运用，将这些方法在操作中配以不同的针法和线迹，便可以产生丰富的艺术效果。

二、服装面料结构的局部再造——破坏性设计

面料结构的局部再造又称面料结构的破坏性设计，它主要是通过剪切（图6-9）、撕扯、磨刮、镂空（图6-10）、抽纱（图6-11）、烧花（图6-12）、烂花、褪色、磨毛、水洗等加工方法，改变面料的结构特征，使原来的面料产生

图6-8　对面料进行加温加压定型而成的褶皱，使得服装具有很强的装饰性

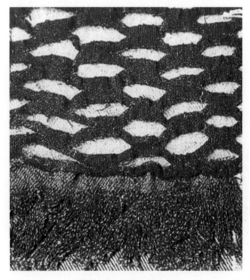

图6-9　剪切、拉毛

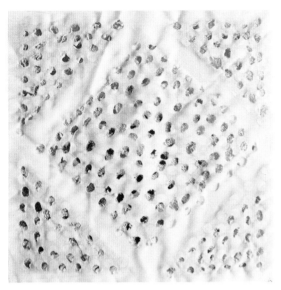

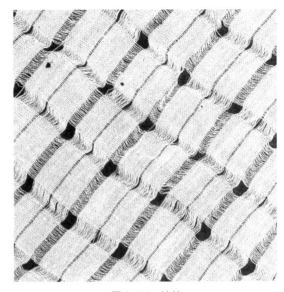

图 6-10　镂空　　　　　　　　　　　　　　图 6-11　抽纱

不完整性和不同程度的立体感。剪切可使服装产生飘逸、舒展、通透的效果；撕扯的手法使服装具有陈旧感、沧桑感；镂空是在面料上采用挖空、镂空编织或抽去织物部分经纱或纬纱的方法，它可打破整体沉闷感，创造通灵剔透的格调；抽纱也会形成镂空效果，常见的抽纱手段为抽掉经线或纬线，将经线或纬线局部抽紧，部分更换经线或纬线，局部减少或增加经纬线密度，在抽掉纬线的边缘处作"拉毛"处理。这些方法会形成虚实相间的效果。褪色、磨毛、水洗等方法常被用在牛仔裤的设计上，如图 6-13 所示。

　　14 世纪西方出现的切口手法属于对面料进行破坏性设计。它通过在衣身上剪切，使内外衣之间形成不同质地、色彩、光感的面料的对比和呼应，形成强烈的立体艺术效果。其形式变化很多，或平行切割，或切成各种花样图案。平行切割的长切口多用在袖子和短裤上，面料自上而下切成条状，使豪华的内衣鼓胀出来；小的切口多用在衣身、衣边或女裙上，或斜排、或交错地密密排列。切口的边缘都用针缝牢，有的在切口两端镶嵌珠宝。

　　破坏性设计手法在 20 世纪 60~70 年代十分流行，

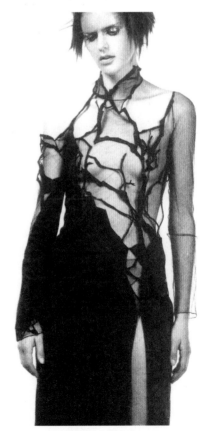

图 6-12　通过烧花得到面料是一种典型的
破坏性设计

图6-13　渡边淳弥（Junya Watanabe）采用撕烂牛仔面料的手法赋予服装新的艺术风格

当时一些前卫派设计师惯用这种手法表达设计中的一些反传统观念。被称为"朋克之母"的英国设计师韦斯特伍德（Vivienne Westwood）常把昂贵的衣料有意撕出洞眼或撕成破条，这是对经典美学标准进行突破性探索而寻求新方向的设计。西方街头曾出现的嬉皮士式服装、流浪汉式服装、补丁服和乞丐服都采用典型的服装面料的破坏性设计手法营造这种风格。川久保玲推出的1992~1993年秋冬系列中的"破烂式设计"，以撕破的蕾丝、撕烂的袖口等非常规设计给国际时装界以爆炸性的冲击。这种破坏性的做法并不一定能得到所有人的认可，但作为一种服装面料艺术再造的手法，在创作上还是有值得借鉴之处的。

面料的破坏性设计相比面料的变形设计而言，在面料选择上有更加严格的要求。以剪切手法来说，一般选择剪切后不易松散的面料，如皮革、呢料。对于纤维组织结构疏松的面料应尽量避免采用这种方法，如果采用，在边缘一定要对其进行防脱散的处理。

第三节　服装面料添加装饰性附着物设计

在服装面料上添加装饰性附着物的材料种类繁多，在取材上没有过多的限制，在设计时要充分利用其各自的光泽、质感、纹理等特征。

一、补花和贴花

在现有面料的表面可添加相同或不同的质料，从而改变面料原有的外观。常见的附加装饰

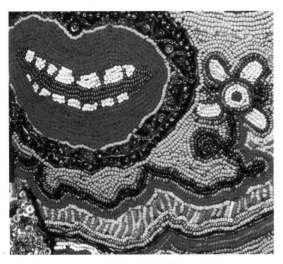

图6-14　珠饰

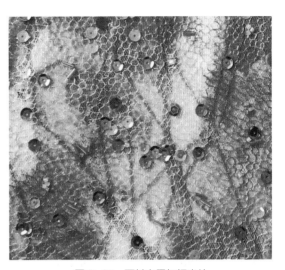

图6-15　面料夹层加闪光片

的手法有贴、绣、粘、挂、吊等。例如，采用亮片、珠饰（图6-14）、烫钻、花边、丝带的附加手法，以及别致的刺绣、嵌花、补花、贴花、造花、立体花边、缉明线等装饰方法。补花、贴花是将一定面积的材料剪成形象图案附着在衣物上。补花是用缝缀来固定，贴花则是以特殊的黏合剂粘贴固定。补花、贴花适合于表现面积稍大、较为整体的简洁形象，而且应尽量在用料的色彩、质感肌理、装饰纹样上与衣物形成对比，在其边缘还可作切齐或拉毛处理。补花还可以在针脚的变换、线的颜色和粗细选择上变化，以达到面料艺术效果再造的最佳效果。造花是将面料制成立体花的形式装饰在服装面料上。造花面料以薄型的布、绸、纱、绡及仿真丝类面料为多，有时也用薄型的毛料，也可以通过在面料夹层中加闪光饰片（图6-15）、在轻薄面料上添缀亮片或装点花式纱，或装饰不同金属丝和金属片，产生各种闪亮色彩的艺术效果，来实现服装面料艺术再造。

同样，在服装面料上运用皮带条、羽毛、绳线、贝壳、珍珠、塑料、植物的果实、木、竹或其他纤维材料，也属于服装面料的附加设计的范畴，如图6-16~图6-18所示。

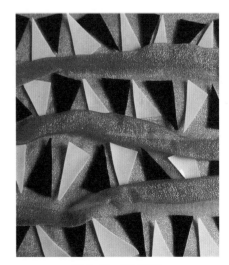

图6-16　附加塑料

107

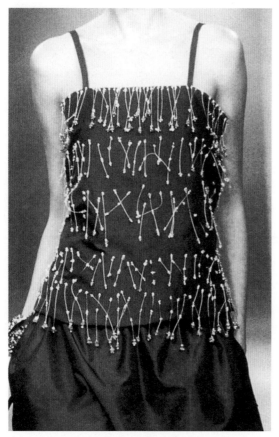

图6-17　附加线坠

图6-18　运用不同的植物果实装饰服装面料

二、刺绣

在现代服装设计作品中，以刺绣手法展现出来的面料艺术再造的作品所占比例很大，特别是近几年来，珠片和刺绣被大量地运用在面料及不同种类的服装上，并有突破常规思维的设计出现，使得这一古老的工艺形式呈现出新风貌。

众所周知，刺绣的加工工艺可分彩绣（图6-19）、包梗绣、雕绣、贴布绣、绚带绣、钉线绣、抽纱绣等。彩绣又分平绣、条纹绣、点绣、编绣、网绣等。包梗绣是将较粗的线作芯或用棉花垫底，使花纹隆起，然后再用锁边绣或缠针将芯线缠绕包绣在里面。包梗绣可以用来表现一种连续不断的线性图案，立体感强，适宜于绣制块面较小的花纹与狭瓣花卉。雕绣，又称镂空绣，它是按花纹修剪出孔洞，并在剪出的孔洞里以不同方法绣出多种图案组合，使实地花与镂空花虚实相衬。用雕绣得到的再造多用于衬衣、内衣上。贴布绣也称补花绣，是将其他面料剪贴、绣缝在绣面上，还可在贴花布与绣面之间衬垫棉花等物，使之具有立体感，苏绣中的贴绫绣属于这种，这种工艺在童装中运用很广。在高级时装设计中，以精美的图案进行拼贴，配合彩绣和珠绣更显豪华富丽。钉线绣又称盘梗绣或贴线绣，如图 6-20 所示，是将丝带、线绳按一定图案钉绣在面料上，中国传统的盘金绣与此相似。钉珠绣是以空心珠子、珠管、人造宝石、闪光珠片等为材料，绣缀在面料上，一般应用于晚礼服、舞台表演服和高级时装。绚带绣又称饰带绣，是以丝带为绣线直接在面料上进行刺绣，如图 6-21 所示。由于丝带具有一定宽度，故一般绣在质地较松的面料或羊毛衫、毛线编织服装上。这种绣法光泽柔美，立体感强。

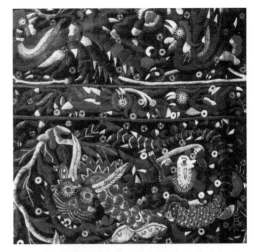

图 6-19　苗绣中的彩绣

从成衣生产的角度看，刺绣又可分为机绣、手绣和混合刺绣三种。机绣是以缝纫机或专用绣花机进行刺绣。特点是精密准确、工效高、成本低，多用于大批量生产。运用手绣得到的面料由于功效低、成本高，多用于中高档服装之上。对服装面料进行刺绣时，还可以采用机绣和手绣混合的方法。一般面料上的大面积纹样使用机绣，而在某些细部以手绣进行加工、点缀，这种方式既可提高工效、降低成本，又可取得精巧的效果。

图 6-20　钉线绣

各种棉、毛、丝、麻、化纤面料以及皮革都可运用刺绣方法得到面料艺术再造。但由于不同面料对刺绣手法的表现有很大影响，因此在进行设计前，必须根据设计意图和面料性能特点，选用不同的技法进行刺绣，这样才能取得最令人满意的服装面料艺术再造效果。

图 6-21　金黄色的是绚带绣

图6-22 爱尔兰设计师采用各色皮革拼凑手法设计的套裙

图6-23 扎克·帕森（Zac Posen）2004年设计的作品，哑光与亮光面料的拼缝为服装增辉

第四节　服装面料的多元组合设计

一、拼接

　　服装面料的多元组合是指将两种或两种以上的面料相组合进行面料艺术效果再造。此方法能最大限度地利用面料，最能发挥设计者的创造力，因为不同质感、色彩和光泽的面料组合会产生单一面料无法达到的效果，如皮革与毛皮、缎面与纱等。这种方法没有固定的规律，但十分强调色彩及不同品种面料的协调性。有时为达到和谐的目的，可以把不同面料的色彩尽可能调到相近或相似，最终达到变化中有统一的艺术效果。实际上许多服装设计师为了更好地诠释自己的设计理念，已经采用了两种或更多的能带来不同艺术感受的面料进行组合设计。

　　服装面料的多元组合设计方法的前身是古代的拼凑技术，例如兴于中国明朝的水田衣就属于这种设计。现代设计中较为流行的"解构"方法是其典型代表，例如通过利用同一面料的正反倒顺所含有的不同肌理和光泽进行拼接，或将不同色彩、不同质感的大小不同的面料进行巧妙拼缀，使面料之间形成拼、缝、叠、透、罩等多种关系，从而展现出新的艺术效果，如图6-22和图6-23所示。它强调多种色彩、图案和质感的面料之间的拼接、拼缝效果，给人以视觉上的混合、多变和离奇之感。

　　在进行面料的拼接组合设计时，设计者可以应用对比思维和反向思维，以寻求不完美的美感为主导思想，使不同面料在对比中得到夸张和强化，充分展现不同面料的个性语言，使不同面料在厚薄、透密、凸凹之间交织、混合、搭配，实现面料艺术效果再造，从而增强服装的亲和力和层次感。

拼接的方法有很多，比如有的以人体结构或服装结构为参照，进行各种形式的分割处理，强调结构特有的形式美感；有的将毛、绒面料的正反向交错排列后进行拼接，有的将面料图案裁剪开再进行拼接；有的将若干单独形象或不同色彩的面料按一定的设计构思拼接。除了随意自由的拼接外，也有的按方向进行拼接，形成明显的秩序感。这些方法都会改变面料原来的面貌而展现出服装面料艺术再造带来的新颖和美感。

二、叠加

在多元组合设计中，除了拼接方法外，面料与面料之间的叠加方法也能实现服装面料艺术再造。著名服装设计师瓦伦蒂诺（Valentino Garavani）首先开创了将性质完全不同的面料组合在一起的先河。他曾将有光面料和无光面料拼接在同一造型上，其艺术效果在服装界引起了轰动，而后性质不同的面料的组合方法风靡全球，产生了不少优秀作品，如图6-24所示。

进行面料叠加组合时应考虑面料是主从关系，还是并列关系。这影响服装最后的整体感受。以挺括和柔软面料组合来说，应考虑是在挺括面料上叠加柔软面料，还是在柔软面料上叠加挺括面料，抑或是将两者进行并列组合，其产生的再造艺术效果大有区别。在处理透明与不透明面料、有光泽与无光泽面料的叠加组合时，也需要将这些考虑在其中，如图6-25所示。多种不同面料搭配要强调主次，主面料旨在体现设计主题。

以上提到的部分方法在面料一次设计时也会

图6-24　对同色不同质的面料进行编织组合，形成丰富的视觉效果

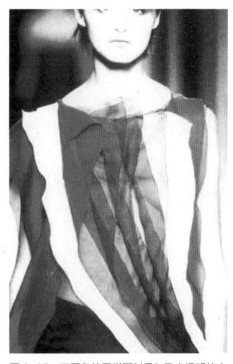

图6-25　不同色的同样面料叠加及半透明的交搭形成新的服装面料艺术效果

涉及，这与再造时再次采用并不矛盾，因为再造的主要目的就是要实现更为丰富和精彩的艺术效果。

服装面料艺术再造的方法并不限于上述这些，在设计时可由服装设计者在基本原则的基础上自由发挥，在利用现有工艺方法的同时，加入高科技的元素，主动寻求新的突破点。在实际设计中，根据服装所要表达的意图，通常会综合采用不止一种方法，以产生更好的服装面料艺术再造效果（图6-26、图6-27）。

图6-28~图6-38为一些常用的服装面料艺术再造的手法。

图6-26　由印色和剪切共同作用于服装面料，形成上虚下实的对比，色彩的大胆运用更给人强烈的视觉冲击

图6-27　运用扎染和局部做皱两种手法实现局部的面料艺术再造

图 6-28　普通的色织面料因在服装上的构成方式别具一
　　　　　格而显得独特

图 6-29　运用皮革面料的不脱散性进行镂空处理

图 6-30　再造手法使得单色普通面料变得有层次

图 6-31　不同方向的褶皱与层次使得服装耐人寻味

图 6-32 不同质地素材的添加，不仅丰富创新了面料质感，服装也因此更显性感

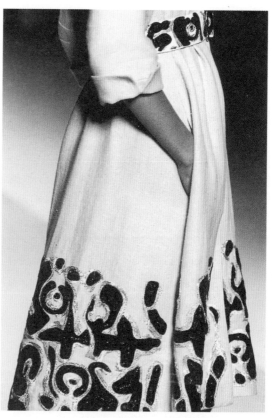

图 6-33 布贴式处理手段，使服装风格独特而又鲜明

图 6-34 镂空剪切是皮革面料再造中的惯用手法，可以表现多种层次和纹样

图 6-35 轻薄面料上满底绣花不仅具有强烈的色彩冲击力，质感变化也丰富

图 6-36　面料压皱处理，款式简单但感觉时尚惬意

图 6-37　面料缩缝处理，典型的面料再造手法

第五节　服装面料艺术再造的风格分类

　　服装设计有可以呈现不同的外观风格，面料艺术再造也是如此。面科再造设计的艺术风格是指一系列造型元素通过不同的构成方法表现出来的独特形式，它蕴涵了设计的意义与社会文化内涵，是设计本身外在形式和内在精神的统一。艺术风格在瞬间传达出设计的总体特征，具有强烈的艺术感染力，易使人产生精神共鸣。面料再造的艺术风格的形成是设计师对面料选择的独特性、对主题思想理解的深刻性、对塑造方式驾驭性的综合体现，同时也是实现服饰产品创新设计的重要来源。在这里，我们把面料艺术再造风格分为六类。

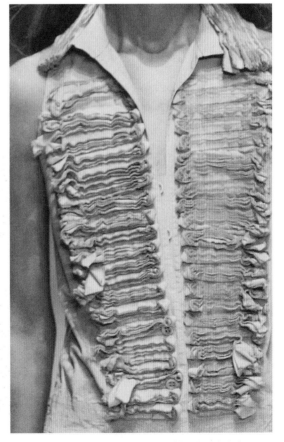

图 6-38　面料层叠堆褶，服装因此而有力度

图6-39　休闲风格的面料再造艺术作品1

一、休闲风格

休闲风格呈现的是随意、轻松、自然、舒适的视觉效果，面料材质多为棉、麻、针织等天然材质，面料色彩以含蓄单纯的低纯度色为主，多采用大面积纯色与少量缀色的组合，给人以亲切、轻松、活泼的感受。面料装饰注重和谐感与层次感，能够增添休闲与轻松的情趣。图6-39~图6-41所示为休闲风格的面料再造艺术作品。

二、民族风格

民族风格借鉴了世界各民族的艺术元素，如色彩、图案、装饰等精神和理念，并用新的面料与色彩表现较强的地域感与装饰感，具有复古气息。如婉约含蓄的东方风格，粗犷奔放的美国西部风格，自然活泼的苏格兰风格等。民族风格较注重面料色彩与图案的塑造。图6-42~图6-45所示为民族风格的面料再造艺术作品。

图6-40　休闲风格的面料再造艺术作品2

图6-41　休闲风格的面料再造艺术作品3

图6-42　民族风格的面料再造艺术作品1

图 6-43　民族风格的面料再造艺术
作品 2

图 6-44　民族风格的面料再造艺术
作品 3

图 6-45　民族风格的面料再造艺术
作品 4

三、田园风格

现代工业的污染、自然环境的破坏、繁华城市的喧哗、快节奏生活的竞争等都容易给都市人群造成种种精神压力。这使人们不由自主地向往精神的解脱与舒缓，追求平静单纯的生存空间，向往大自然的纯净。田园风格崇尚自然，追求一种原始的、纯朴的自然美。不表现面料强光重彩的华美，而是推崇返璞归真自然朴素。设计师们从大自然中汲取灵感——植物、花卉、森林、海滩等自然景观成为明快清新、具有乡土风味的面料装饰，为人们带来休闲浪漫的心理感受。图 6-46~ 图 6-48 所示为田园风格的面料再造艺术作品。

四、优雅风格

优雅风格是指造型简练、大方，色彩单纯、沉静，能给人以高贵、成熟、高雅感受的服装及其面料艺术作品，常用于一些高级时装、礼服的风格定位。优雅风格的服装面料一般比较柔软、悬垂性强且具有较好的光泽度，以塑造弧线造型或装饰，突出女性成熟优雅的气质。图 6-49~ 图 6-52 所示为优雅风格的面料再造艺术作品。

图6-46　田园风格的面料再造艺术作品1

图6-47　田园风格的面料再造艺术作品2

图6-48　田园风格的面料再造艺术作品3

图6-49　优雅风格的面料再造艺术作品1

图6-50　优雅风格的面料再造艺术作品2

图6-51　优雅风格的面料再造艺术作品3

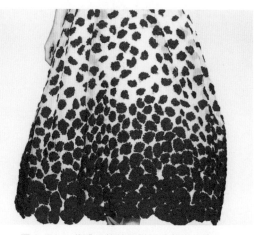

图6-52　优雅风格的面料再造艺术作品4

五、前卫风格

前卫风格是指独特、夸张、另类、新奇、怪诞的面料艺术再造，常塑造出带有特殊肌理效果的面料形式，有时会选用非常规面料以突出新奇感。面料塑造形式复杂、变化多样，局部造型夸张，或采用多种面料混搭，产生强烈的对比效果。图 6-53~ 图 6-55 所示为前卫风格的面料再造艺术作品。

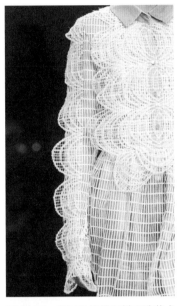

图 6-53　前卫风格的面料再造艺术作品 1

图 6-54　前卫风格的面料再造艺术作品 2

图 6-55　前卫风格的面料再造艺术作品 3

六、未来风格

未来主义风格的特点是反传统，但又不似前卫风格的燥热感。色彩单纯统一，多以银、白两色为主调，面料以涂层、透明塑料、金属、闪光和亮感为主，富有纯净感，以叛逆大胆的设计颂扬运动、速度、力量和科技的日新月异，使人们在惊异之余体会设计师宁静和谈泊的心境。许多设计师用前瞻的视野、高科技的手段、透明的塑胶、光亮的漆皮塑造出轻快、摩登的风格，给人超越时空的想象。图 6-56~ 图 6-58 所示为未来主义风格的面料再造艺术作品。

图 6-56　未来风格的面料再造艺术作品 1

图 6-57　未来风格的面料再造艺术作品 2

图 6-58　未来风格的面料再造艺术作品 3

思考题

1. 实现服装面料艺术再造的方法各有什么特点与风格？

2. 运用各种服装面料再造技法时应怎样把握其与服装的关系？

练习题

1. 选择同种面料进行不同方法的再造练习，完成 4~5 块小样。

2. 选择不同的面料，结合不同的工艺方法，完成不同风格的面料小样 4~5 块并制成 PPT 介绍，需附简单工艺说明。

要求：个人完成，将小样贴于 A4 卡纸上。

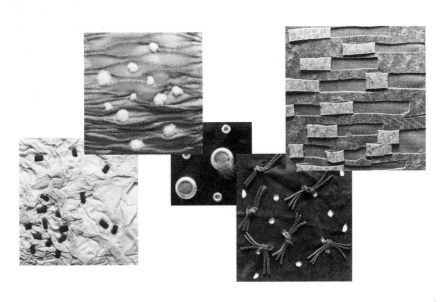

服装面料艺术再造设计

课题名称： 服装面料艺术再造设计

课题内容： 服装面料艺术再造实例

服装面料艺术再造效果的比较与分析

基于面料艺术再造的服装设计实例

课题时间： 12 课时

训练目的： 通过对服装面料艺术再造实现方法的实践与练习，进一步体会服装面料艺术再造与服装设计的关系，并对服装面料艺术再造的可应用性展开思考，通过对各种再造面料的效果比较与分析，让学生"知其然并知其所以然"，以开拓学生的设计思维，培养学生发现问题、分析问题、解决问题的能力。

教学要求： 1. 使学生充分掌握各种服装面料艺术再造实现方法的特点。

2. 使学生准确认识服装面料艺术再造在服装设计上的可应用性。

课前准备： 阅读相关服装设计与服装材料等方面的书籍。

第七章　服装面料艺术再造设计

第一节　服装面料艺术再造实例

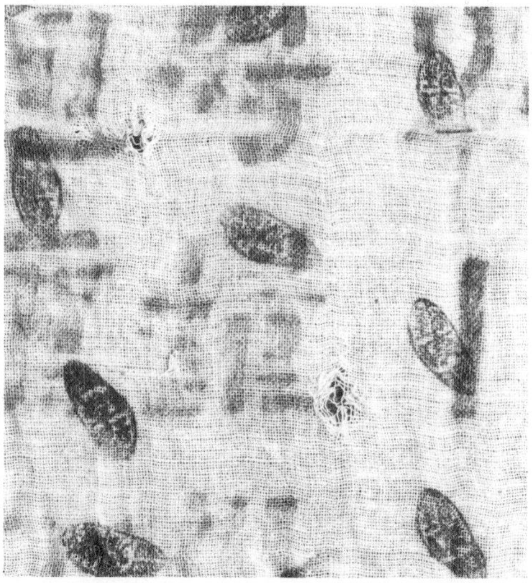

服装面料通过艺术再造可达到丰富的外观效果。在艺术再造时应针对不同的面料实施不同的再造手段，使之充分体现出面料的特性，强化面料的艺术效果。这里所列举的一些实例表明，在设计和制作的过程中，既要考虑利用面料的原有特性，同时又要对面料的色彩搭配、面料的组合及其在服装中的运用进行尽可能的表现。

实例包括对服装面料进行二次着花色再造设计、面料结构的整体再造设计（变形设计）、面料结构的局部再造设计（破坏设计）、添加装饰性附着物的再造设计、服装面料多元组合设计等。

图 7-1

图 7-2

一、通过二次着花色实现服装面料艺术再造

图 7-1 所示的面料小样，是在印有黑色"货号""重量"等字样的旧白棉布上，用红色的印章印出一些随意的效果；黑、白、红三种颜色的应用以及文字形态的处理，使面料带有浓郁的中国情结，又似乎把人的思绪带回远久的时代，很具意境。

图 7-2 所示的面料小样，是用蜡笔代替染料在白色面料上进行手绘，产生了特殊的艺术效果；但蜡笔手绘的面料由于不能进行水洗，所以这种

方式一般只适用于创意性、表演性的服装中。

　　图7-3所示的面料小样，是将传统的剪纸图案形态用手绘表现在白色棉布上；由于手绘染料在面料上的渗化程度不同和手部用力不均匀等原因，手绘效果相对于现代印花效果而言，多了几分"拙"的效果。

　　图7-4所示的面料小样，是在含蓄、有条纹形态的白色棉布上用扎染的手法改变面料的视觉效果；将工业化规整的感觉与不规则的、具有手工暖意的扎染艺术有机地融合在一起。

图7-3

　　图7-5所示的面料小样，是将烟灰色面料涂绘拔染剂，进行拔染印花工艺处理，涂绘拔染剂之处褪色后显出面料本色，其边沿还有晕化的效果；再加上点染和转移印花等工艺，将不同形态、不同风格的图形进行整合，很具浓郁的后现代文化气息，适合于休闲、都市等服装风格。

　　图7-6所示的面料小样，是将白色面料进行规则的撮扎工艺，用注色的方式使面料着色，使之产生丰富的色彩效果，在此基础上，再运用镀膜涂层的工艺将金粉印制在面料上，更加丰富了图案的层次，增添了面料的华丽感。

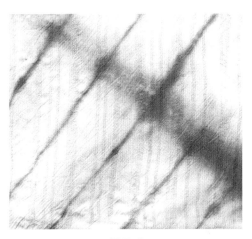

图7-4

图7-5

图7-6

123

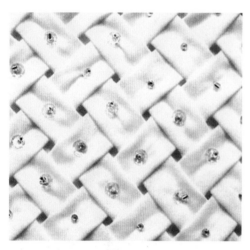

图 7-7

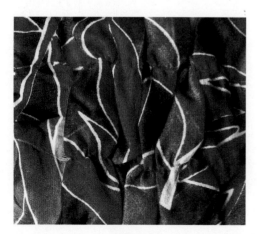

图 7-8

二、通过服装面料结构实现艺术再造

1. 服装面料结构的整体再造——变形设计实例

图 7-7 所示的面料小样，是在具有一定厚度的秋冬装面料上，利用高温的蒸汽熨斗前端在面料上烫压出大小不一、方向不同的图案形态，使普通的面料表面产生丰富多变的图案，增强视觉效果。

图 7-8 所示的面料小样，是将白色棉坯布有规律地缝扎，使普通单薄的面料产生出浮雕般的层次感和立体感，再用珠子、亮片加以点缀，使之给人一种含蓄、精致的感觉。这种手法可以运用在小礼服的设计中，适合小块面运用。

图 7-9 所示的面料小样原为几何花纹的织物，采用抽纵的手法改变其表面肌理；抽纵后改变了面料平整的形态，相互挤压、叠加的部分打破了几何花纹给人单一的视觉感，使图案更加抽象，增强了视觉观感。

图 7-10 所示的面料小样原为规则的细条纹面料，条纹面料看久了会令人眼花缭乱，通过把面料向不同的方向扭转、折叠，改变其表面形态，打断了纹路的流动性，同时还产生了立体空间的效果。

图 7-9

图 7-10

　　图 7-11 所示的面料小样，是将素色的面料进行有意识地扭转、折叠，增加了面料层次感的同时，还使之产生了强烈的装饰效果；适合小面积地应用在成衣的局部，也可以大面积地用在创意服装的设计中。

　　图 7-12 所示的面料小样，是将半透明的纱织物用堆饰的手法，进行有意识地堆积、叠加；叠加越多的部分颜色越深，从而形成很强的虚实感；这种手法容易营造出服装的视觉中心效果，较多运用在礼服的设计中。

　　图 7-13 所示的面料小样，是将薄的棉纱织物有疏密地堆积在一块，用针线将堆积在一块的面料固定，然后用熨斗熨平，使之出现一些随意的褶皱形态，在此基础上，还可以运用一些附加装饰的手法进行点缀；使原本单薄的棉织物看上去产生一种似有意似无意、简洁而不简单的效果。

　　图 7-14 所示的面料小样，是将真丝面料进行包物扎结处理，使面料形成了很自然的立体效果；丝缎面料闪光华丽

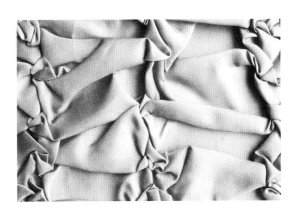

图 7-11

图 7-12

图 7-13

图 7-14

的效果随着自由的起皱形态而改变，加上立体结的装饰，使面料产生了一种生动可爱的感觉。

图 7-15 所示的面料小样创意来源于现代城市在黑夜中的面貌：灯火璀璨，分外妖娆。面料采用银色仿皮革面料做底，衬上修剪成不规则椭圆形状的舞台薄纱面料。适用于晚礼服或套装领口及袖口等。

图 7-16 所示的面料小样是以蒙德里安的作品为灵感，将条纹图案的布料裁成细条，再重新编制成具有构成意味的图案。

图 7-17 所示的面料小样是将细的铁丝穿梭在蓬松的网状面料中，两种对比性很大的材料可以运用于裙装等女装、饰品上作装饰。

图 7-18 所示的面料小样，是涤纶面料在工业化生产条件下实现的艺术效果。通过高温高压定型和熨压的手法创造

图 7-15

图 7-16

图 7-17

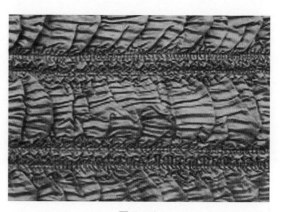

图 7-18

出褶皱，这种新形象的面料比原本平整的单一面料多了几分精彩。此种面料艺术再造可以直接用于上衣，通常以面状构成的形式展现在服装上。采用这种方法可以实现面料的多种艺术效果。

2.服装面料结构的局部再造——破坏性设计实例

图 7-19 所示的面料小样，是在短毛绒类织物上进行表面破坏性设计而完成的。先构思要形成的图案花纹，如条、格、花纹等形态，按照此形态进行剪毛处理，从而使面料产生出独特、别致的效果。

图 7-20 所示的面料小样，是用抽纱的手法将条格布料的经纬纱有选择地抽取，使面料产生稀疏有致的视觉感，在稀疏之处还隐约露出置于其下的面料的颜色；这种手法增加了面料的流动性，并表达出一种怀旧的感觉。

图 7-21 所示的面料小样，是将两块同样的牛仔面料相叠加，先对上层的面料进行纬向抽纱，再将这些经线均匀地分开，进行交叉扭曲，用珠子将其打结固定成花纹形状，改变了牛仔面料本来朴实、素雅的形象。

图 7-22 所示的面料小样，是在纯棉灯芯绒面料上进行剪切、挑纱、拉毛工艺；被拉出来的纱线松散、自然卷曲的效果与平整和规则条纹的灯芯绒形成了很好的对比，多了几分趣味和怀旧感，很符合现代人的审美观，可以应用在休闲装的设计中。

图 7-23 所示的面料小样原为薄的印花乔其纱织物，在视觉形象上给人的感受过于单一，经过剪切、拉毛处理后，再将它们有疏密地叠加在一起，使原本女性化、淑女的形象多出几分嬉皮与时尚感。

图 7-24 所示的面料小样原为普通的针织汗

图 7-19

图 7-20

图 7-21

图 7-22

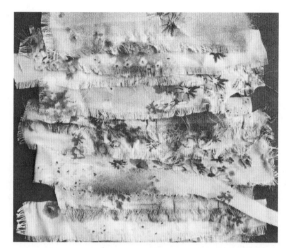

图 7-23

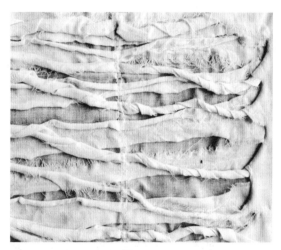

图 7-24

图 7-25

布，利用其剪切、撕扯后容易卷边这一特性，将其撕扯成条状，再顺着面料的卷曲形态将其展开，或使之更加卷曲，然后用针线固定住；使素色针织面料达到视觉与触觉效果的完美统一，此方法可以运用在个性化成衣设计中。

图 7-25 所示的面料小样原为涤纶织物，利用其受高温烧烤后会有起皱现象这一特性，将烤热的高温刀片在黑色的涤纶面料上进行横向切割，使被划的部位由于高温后收缩起皱，再有选择性地对一些部位进行烧花处理，使面料的形态自由，并产生更丰富的疏密感。

图 7-26 所示的面料小样，是将白色印花棉织物进行随意的烧花工艺处理，被烧后的面料出现一种镂空的效果，选择

一块与印花颜色互补的素色织物，将两织物叠加，面料出现了全新的视觉感受，这种手法在现代成衣生产中已有所应用。

图 7-27 所示的面料小样，是将灰色的灯芯绒面料按照一定的图案形态将表面的短绒进行磨、刮处理，改变了面料平整单一的形态，产生出立体、含蓄、具有弱对比花纹图案的效果。

图 7-28 所示的面料小样，是在普通的烟灰色薄形呢料上剪切出花的形状，将剪下来的小花再用针线固定在面料上，出现一种镂空与叠加的效果，面料产生出强烈的空间感，这种手法较常运用于高级成衣的设计中。

图 7-29 所示的面料小样，是将仿皮面料有秩序地剪切镂空，被剪的部分仍保存在面料的表面，增加了面料的色彩层次和视觉空间，这种手法较常应用于创意服装的设计中。

图 7-26

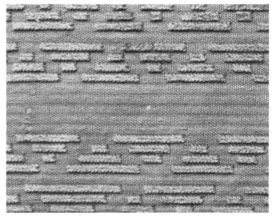

图 7-27

图 7-28

图 7-29

图 7-30 所示的面料小样，同样是将不同质地、颜色、图案的布条裁成不同宽度的布条，然后以不同的编结方式编结而成。

图 7-31 所示的面料小样，是利用氨纶汗布剪切后不松散、形成边缘外翻的性质，将面料剪切、拉伸变形，这种变形在洗涤后依然保持不变。它既可适用于服装的局部装饰，也可运用在服装整体上。

图 7-32 所示的面料小样借助织锦缎本身的图案，通过运用填充和不规则的镂空手法，实现了带有立体感的新的艺术效果。在制作的过程中，对织锦缎进行边缘处理是必须的步骤。在工业化生产的条件下，这个步骤变得省时简单。将这种再造的面料运用在服装中时，更可以在镂空的地方衬以其他面料，会得到意想不到的艺术效果。

图 7-33 所示的纯棉面料是将四边经、纬纱挑断，当中剪开几个大小不一的洞，同样将经、纬纱挑开，并在里面填充红色丝绸面料，周围粘些抽开的经、纬纱细丝，适用于女装短款小外套、小短裙等。

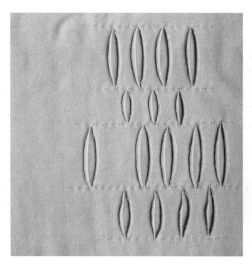

图 7-30

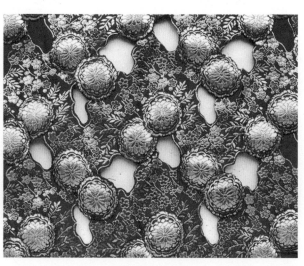

图 7-31

图 7-32

　　图 7-34 所示的面料小样，是将相邻两个方格面料经、纬纱挑开，并在里面填充紫色圆形皱纹纸，形成立体起鼓的效果，适用于女装中长外套、风衣等。

　　图 7-35 所示的黑色纱容易抽丝，处理时，经过有规律地抽经纱与纬纱，使面料产生褶皱，形成突起的小方形，再用毛线在方形上绣花。此种手法适用于礼服、帽子。

　　图 7-36 所示的蓝色真丝面料质地轻薄，容易脱纱。处理时，随机抽去经纱与纬纱，之后植入金线。改造后的面料肌理呈格子状，适用于夏季服装。

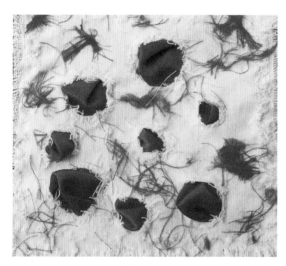

图 7-33

图 7-34

图 7-35

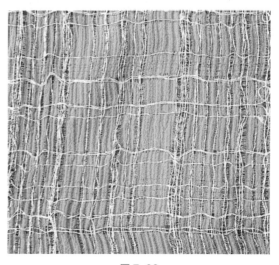

图 7-36

三、服装面料添加装饰性附着物的艺术再造

图 7-37 所示的面料小样，是将海马毛线拉扯开，附加在黑色面料上，使面料产生出了朦胧、梦幻般的效果，此种手法可以应用在创意装的设计中。

图 7-38 所示的面料小样用白色的线和棉花在白色的棉布上进行装饰，以面和线的构成形式勾画出一种独特的韵味，正如棉给人的感受：高雅、自然、简洁。

图 7-39 所示的面料小样，是将白色的棉线按圆的形态绣在黑色的面料上（注意圆形的大小与针迹的安排），使面料在朴实无华的感觉中流露出手工的暖意，可适用于服装的局部，也可根据表现的主题进行大面积的使用。

图 7-40 所示的面料小样，是将具有闪光效果的绸缎面料叠加，做出一些表面肌理表现丰富的效果，在此基础上再用黑色的网眼纱布和立体的花朵进行装饰，华丽而具有细

图 7-37

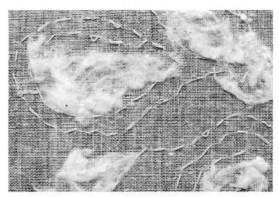

图 7-38

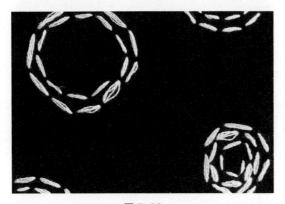

图 7-39

图 7-40

节，给面料增加了不少韵味。

图 7-41 所示的面料小样，是用金属穿扣，将黑色的仿翻皮面料打穿，露出底层的绿色面料，并用柔软的紫色兔毛加以装饰，增加了面料在色彩和材质上的层次，这种手法在成衣设计和创意服装设计中都可采用。

图 7-42 所示的面料小样利用黑色的调和性，将明艳的紫色织物撕扯成细长条作为色彩的点缀，将金色、银色的线以及飘动的羽毛穿插其中，使朴实的黑色面料产生点线面层次丰富的特点，具有一种流动的感觉。

图 7-43 所示的面料小样，是将缝纫机底线调松，缉出的线是一个个小线圈形态，独特又很富情趣；把它作为装饰线附加在面料的表面，会产生独特的效果。

图 7-44 所示的面料小样，是将多个数字随意叠加于白色面料之上，产生强烈的视觉效果，用在休闲服装中，很容易形成视觉焦点。

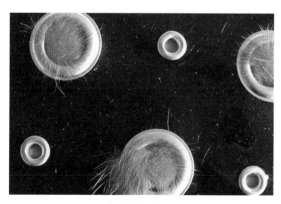

图 7-41

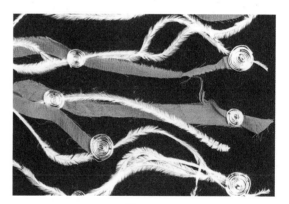

图 7-42

图 7-43

图 7-44

图 7-45 所示的面料小样，是将红色与白色的拉链以曲线的形状作为装饰，附加在浅蓝色的牛仔面料上，产生了一种传统与现代相结合的美感，很富创意。

图 7-46 所示的面料小样，是将黑白线织成的粗呢剪成一个不规则的块面状，做出一些拉毛的效果，用贴花的手法对灰色粗呢加以装饰，面料黑、白、灰的层次感极强。

图 7-47 所示的面料小样，是将黑色的塑料袋揉成细的线条状，用线固定，做出一些传统花纹形态，附加在结构疏松的黑色网状面料中，产生独特的韵味，极富创意。

图 7-48 所示的面料小样，是将橙色的网眼面料进行扎结处理，在结的周围形成一些自然的褶皱形态，再将松散的毛线顺着这些褶皱缝制在上面，产生了色彩和肌理上的对比；可以运用在创意服装的设计中。

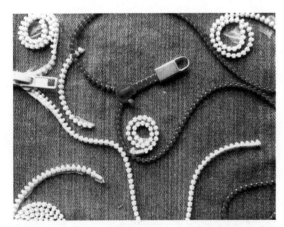

图 7-45

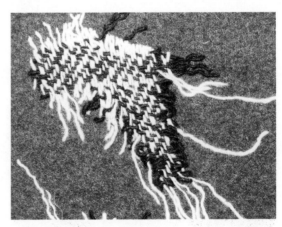

图 7-46

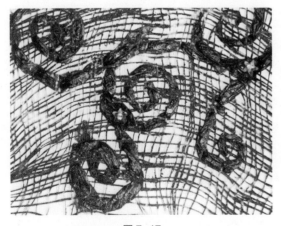

图 7-47

图 7-48

图 7-49 所示的面料小样，是用网状面料包裹珠子，嵌镶在粉色的丝光面料上，效果柔美、华丽，主要用于女装、礼服、裙装等。

图 7-50 所示的面料小样，使用光滑的黑色面料和有弹性、不易抽丝的金色面料。将金色面料做成长条，盘成圆形，再贴于黑色面料上；适用于礼服、帽子等。

图 7-51 所示的面料小样，是采用浅黄、孔雀蓝和湖绿三种光泽感强的珠片嵌于有光泽的人造皮革上；都是光泽感强的材质，相互辉映，适合于晚礼服。

图 7-52 所示的面料小样，是采用牛仔布做底，运用黄、灰、黑、白、粉红五种颜色的竹棉线做不规则缠绕，并在上方留有小段的竹棉线用于对比，整个作品营造活泼、天真的特点，适用于童装。

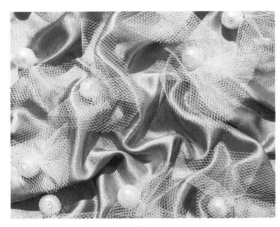

图 7-49

图 7-50

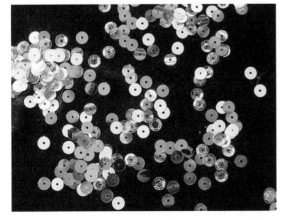

图 7-51

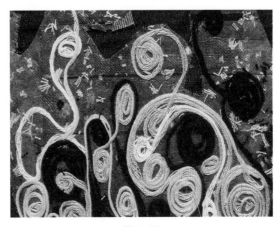

图 7-52

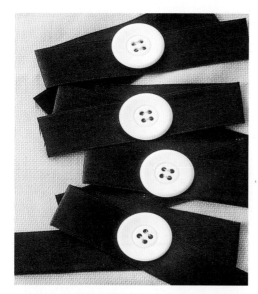

图 7-53

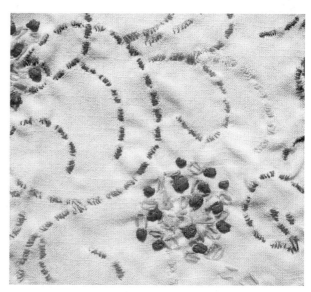

图 7-54

图 7-55

图 7-53 所示的面料小样，是用黑、白、灰三种简单干净的颜色装饰成同样简单的英伦结，适用于绅士礼服、胸衣。

图 7-54 所示的面料小样，是在原有面料透明部位用针绣出小而短的线，形成有规律类似花瓣形状的图案，再用皱纹纸捏出类似花蕾形状点缀其中；适用于童装或少女装的衬衫、彩绣毛衫等。

图 7-55 所示的面料小样，是在原面料的图案上粘上不同方向的皮毛，再隔上一层紫色网纱，适用于外套、风衣。

四、通过服装面料多元组合的艺术再造

图 7-56 所示的面料小样，是将灯芯绒面料剪成规则的小长方形，用毛笔在其表面刷上选定的颜色，再将这些小块面按颜色叠加在一起（同时注意摆放的方向不要过于死板），产生了全新的艺术效果。

图 7-57 所示的面料小样，是将粉红色的条

纹面料与蓝色的格子面料剪成长条的形状，进行拼接组合，形成了一种新的格子纹样图案的面料。这种手法可以作为独特的细节设计，应用在成衣的局部，如领口，门襟、衣摆等处；选用同色面料相拼接，显得含蓄而有内容。

图 7-58 所示的面料小样，是将细毛线织成的蓝灰色面料剪成小块后，抽掉周边的经纬纱，使之露出经纬纱线不同的颜色，再将这些面料小块面进行拼接组合，产生了颜色层次丰富、结构独特的艺术效果。

图 7-59 所示的面料小样，是用花剪将表面光亮的仿皮革面料剪成长条的形状，再用编织的手法进行拼接，相叠加的部分用铆钉加以固定和装饰，产生了强烈的视觉冲击力，适合应用在休闲装、街头装、舞台装的设计中。

图 7-56

图 7-57

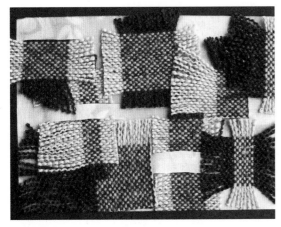

图 7-58

图 7-59

图 7-60 所示的面料小样，是将具有规则印花图案的面料剪成规则的五边形，填充棉花，再用手针将这些小块面缝合拼接在一起而形成。打散了规则的印花图案，产生了全新的视觉效果。

图 7-61 所示的面料小样的灵感来源于绿色军营的迷彩服；将褐色、墨绿色、浅黄色的牛皮剪成不规则的外形轮廓，进行色块之间的分割与拼接，用三角针线将它们缝合在一起，演绎出了"迷彩"的新形象。

图 7-62 所示的面料小样，是将有一定闪光效果的针织面料与绛红色的绸缎面料相拼缀，打破了最初真丝绸缎给人华丽、细腻的感受，多出了几分藏族服饰般的粗犷感。

图 7-63 所示的面料小样，是将颜色不一、粗细不一的毛线剪成小段，按照经纬方向编织拼接在一起，产生了与编织效果不同的感受，让人想起了夏奈尔经典的粗呢套装，朴

图 7-60

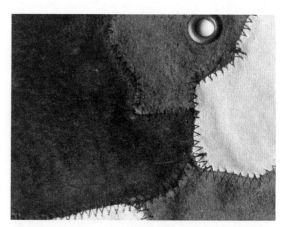

图 7-61

图 7-62

图 7-63

实而高雅。

图 7-64 所示的面料小样，是选用牛仔面料的反面做底，表面用半透明的细丝带编织成大的网状效果，使之能透出下层的织物，在两层织物的中间添加一些黑白色的毛线，使整体感觉神秘、含蓄而具有独特的韵味。

图 7-65 所示的面料小样，是将印花织物与半透明的丝织物叠放在一起，在丝织物上剪出切口，用同色系的小花装饰并使开口加大，隐约透出下层的印花织物，营造出一种可爱、女性化的情节，可用于童装、淑女装及家纺设计中。

图 7-66 所示的面料小样，是采用烧洞、绣缝、镂空的手法在普通的土布上创造，体现出一种趣味、童真。这种面料的用途比较广泛，可用在休闲服上，也可以在比较正式的服装上作点缀。

图 7-67 所示的面料小样，是将细条纹布折出规则的褶

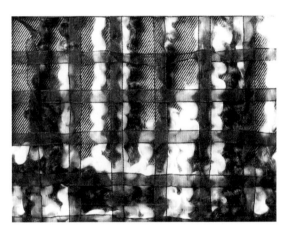

图 7-64

图 7-65

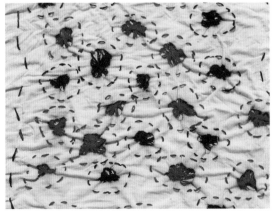

图 7-66

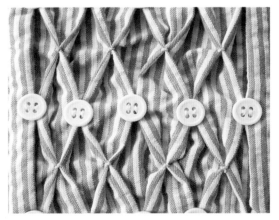

图 7-67

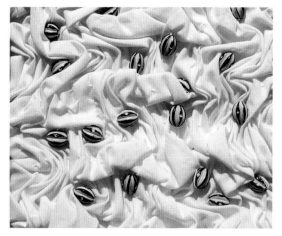

图 7-68

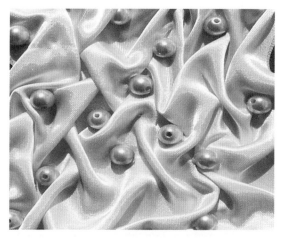

图 7-69

裥，在褶裥交界处用白色扣子连接，扣子之间的部分用线捏起固定，打破细条纹的方向性，适用于衬衫前胸或服装腰部装饰。

图 7-68 所示的面料小样，是将素色面料经过缩缝后，缝缀小球，产生浪漫精致的风格，适用于浪漫风格女装及配件，家居产品设计。

图 7-69 所示的面料小样，是在面料反面用铅笔画出抽缩的图案，用缝线把连线的点串起来，抽缩缝线后打结，最后在面料正面粘上粉红珍珠装饰，适用于蓬蓬裙、肩带裙等少女装。

第二节　服装面料艺术再造效果的比较与分析

在大量的实验过程中，我们会发现，同样的面料因为实施了不同的工艺手法，会产生不同的效果；同样的工艺因为面料的不同，也会有不同的效果。其中，不同的面料与不同的工艺最终产生的效果只有经过大量的实验才能体验到。因此，经常进行实践和效果比对是进行面料艺术再造不可或缺的环节。

一、同类面料用不同手法实现的艺术效果对比

　　如图 7-70 和图 7-71 所示，两块面料小样的设计旨在体现不同表现手法对针织长毛绒面料的影响。针织长毛绒常用来做秋冬大衣。图 7-70 所示为采用填充和同色系补花手法实现面料艺术再造；图 7-71 所示为采用色彩明亮的毛线绣进行再造。两种不同质感的附加材质反映了人的两种不同心理感受：细腻与粗犷，这对改变原来的针织长毛绒的外观起了非常重要的作用。

　　如图 7-72 和图 7-73 所示两块面料小样，将质地稀疏的白色面料随意撕扯，破坏其内部的组织结构，产生出了自然随意的形态，在此基础上用纯色或花色等不同风格的面料作为底色处理，即可以产生不同的视觉感受。

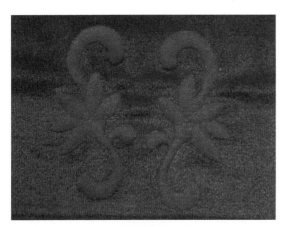

图 7-70

图 7-71

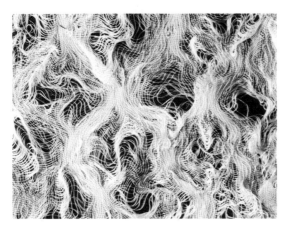

图 7-72

图 7-73

二、异类面料用相似手法实现的艺术效果对比

如图 7-74 和图 7-75 所示，两块面料小样都采用附加装饰珠片的同一种表现手法。珠片是很具表现力的一种装饰材料，将它与高贵华丽的丝绸搭配，与朦胧梦幻的纱搭配，与粗犷的牛仔搭配，或采用不同的点、线、面构成形式等，都会产生不同的视觉效果。这两个小样在底纹面料的选用和构成形式以及珠片颜色上做了一些不同的安排，产生了不同风格的视觉效果。

如图 7-76 和图 7-77 所示，两块面料小样的设计采用扎结的表现手法。扎结的手法可以灵活运用，其表现形态有很多。扎的方式不同、包物的形态不同、扎的部位不同等，都可以产生不同的视觉效果。图 7-76 所示是在素色棉布上用

图 7-74

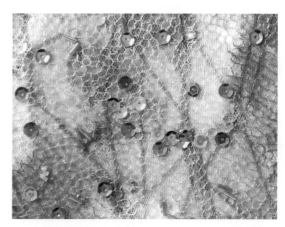

图 7-75

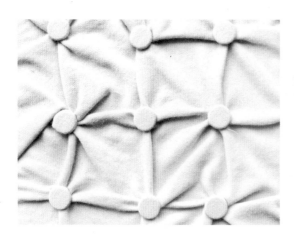

图 7-76

图 7-77

圆形小纽扣有规则地造型，使面料产生了整齐、简洁的韵律美；图 7-77 所示是在具有规则花纹的印花织物上用不同形态的自由散点进行纽扣包扎处理，其形成的自由起皱空间打破了印花织物给人呆板、教条的视觉形象，多出几分动感，与图 7-76 相比具有截然不同的审美风格。

第三节　基于面料艺术再造的服装设计实例

上述服装面料艺术再造只是从局部反映面料艺术的主题、手法表现和艺术效果，只有将它具体运用在服装设计中，成为服装的一部分，它才最终体现其设计思想和应用价值。当然，采用先设计面料艺术效果再设计服装的做法，并不是进行服装设计的唯一途径，但却是最大的发挥面料性能特点的有效方法。在前面的章节中，已经提到一些将面料小样运用于服装设计中的原则，即在应用艺术再造的面料时，不仅要考虑其在服装中的局部与整体的布局位置，还要考虑其与服装三大要素的关系，特别是与服装整体色彩的协调关系。以下的服装效果图反映了通过对服装面料进行二次印染设计、面料结构的整体再造设计（变形设计）、面料结构的局部构造设计（破坏设计）、添加装饰性附着物的设计、服装面料多元组合设计等手法进行艺术再造后的面料在服装中的具体运用（图 7-78~ 图 7-96）。

将针织面料抽丝后，
改变了面料的组织结构，
使原来整齐细腻的织物增添了几分粗犷，
设计时宜用较夸张的服装造型。

图 7-78　面料二次设计后的效果使服装的整体创意感
　　　　增强

用拷边机将面料缝制成
格子纹样，并抽丝
破坏其内部结构，
使其产生出独特的效果。

图 7-79　增强面料肌理效果的设计用在色调统一、层
　　　　次较多的服装中，独特而又具有整体感

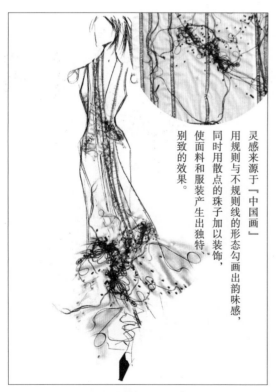

灵感来源于「中国画」
用规则与不规则线的形态勾画出韵味感，
同时用散点的珠子加以装饰，
使面料和服装产生出独特
别致的效果。

图 7-80　面料二次设计的韵味与服装的韵味保持一致，
　　　　使人感觉服装与面料浑然天成

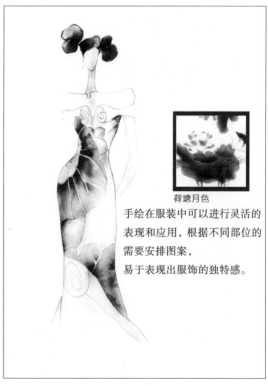

荷塘月色

手绘在服装中可以进行灵活的
表现和应用，根据不同部位的
需要安排图案，
易于表现出服饰的独特感。

图 7-81　手绘设计可以灵活地对服装的局部形态进行
　　　　点缀与强化，使服装主题具有独特性

144

将普通的白棉布剪成长条，
抽纱并使之叠加，
用红色和蓝色的明绲线装饰，
用在休闲服装中的设计中，
显得活泼可爱、大方。

图 7-82 面料再造后产生的层次感和服装结构上的层次感很统一，而细节上又富有变化

设计灵感来源于"花"
将白色棉织物剪成
大小不一的花瓣形状，
再叠加成花形，
花心部分做明绲线效果，
最后手绘上色，
用在小礼服和
创意装中。

图 7-83 二次设计后的面料很富艺术美感，在服装中要注意节奏与韵律、对比与调和等形式美法则

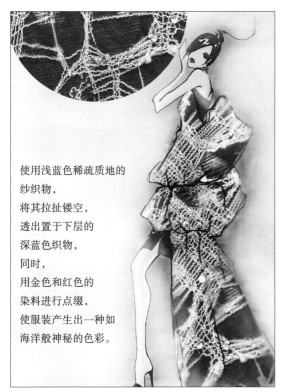

使用浅蓝色稀疏质地的
纱织物，
将其拉扯镂空，
透出置于下层的
深蓝色织物，
同时，
用金色和红色的
染料进行点缀，
使服装产生出一种如
海洋般神秘的色彩。

图 7-84 经二次设计后产生的具有视觉冲击力的面料，在服装设计时应注意其色彩、块面大小的安排

将珠子以纹样和散点的形式
对服装面料进行装饰，
产生出华丽、高贵的感觉。

图 7-85 珠饰的手法能增加服装的华丽效果，常用于服装局部的设计，以形成服装的视觉中心

145

图 7-86　服装面料艺术再造加强了服装的形式感和欣赏性

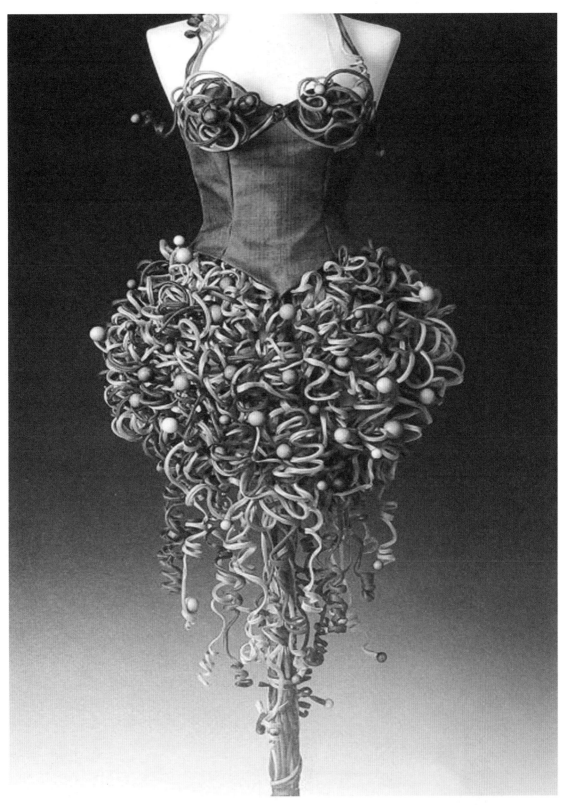

图 7-87　特殊材质的运用也是服装面料艺术再造的重要手段，更突出了服装设计的创意性

图 7-88　用点、线、面状结构进行重复堆砌所形成的肌理效果

图 7-89　利用面料的透薄性进行印花处理

图 7-90　在面料上印花形成的再造效果

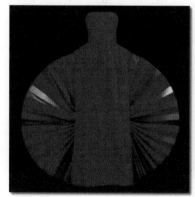

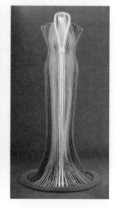

图 7-91　具有雕塑般体积感的面料再造作品

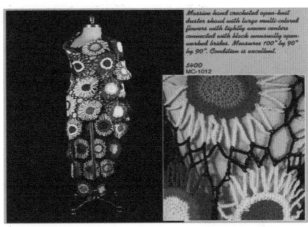

图 7-92　采用面料镂空处理所形成的再造效果

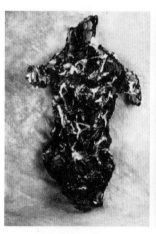

图 7-93　不同质感的面料再造作品

图 7-94　利用拼接手法的面料再造作品

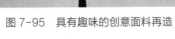

图 7-95　具有趣味的创意面料再造

图 7-96　对面料进行破坏处理所得到的再造肌理效果

参考文献

［1］余为华. 服装面料的二次设计［J］. 丝绸，2001（9）：26.

［2］吴微微，全小凡. 服装材料及其应用［M］. 杭州：浙江大学出版社，2000.

［3］龚建培. 现代服装面料的开发与设计［M］. 成都：西南师范大学出版社，2003.

［4］袁仄. 时空交汇——传统与发展［M］. 北京：中国纺织出版社，2001.

［5］徐雯. 服饰图案［M］. 北京：中国轻工业出版社，2001.

［6］陈东生，甘应进. 新编中外服装史［M］. 北京：中国轻工业出版社，2002.

［7］格特德·莱尼特. 时装［M］. 哈尔滨：黑龙江美术出版社，2001.

［8］濮微. 服装面料与辅料［M］. 北京：中国纺织出版社，1998.

［9］陈燕琳，刘君. 时装材质设计［M］. 天津：天津人民美术出版社，2002.

［10］服装时报社. 巴黎高级成衣流行发布［M］. 北京：经济日报出版社，2003.

［11］胡天虹. 服装面料特殊造型［M］. 广州：广东科技出版社，2001.

［12］张相群. 盘点 2002［M］. 北京：现代出版社，2002.

［13］孙世圃. 服饰图案设计［M］. 北京：中国纺织出版社，2000.

［14］胡小平. 现代服装设计创意与表现［M］. 西安：西安交通大学出版社，2002.

［15］朱锷. 视觉语言丛书（特集）——三宅一生［M］. 南宁：广西美术出版社，2000.

［16］吴震世. 新型面料开发［M］. 北京：中国纺织出版社，1999.

第 2 版后记

这本教材已经使用十年了，在实践过程中，我们发现许多设计实践的方法还是具有一定的指导意义和很强的可操作性。但随着纺织科技的飞速发展，服装面料艺术再造手段的实施很多情况下受制于面料的物质性。因此，修订教材不能仅仅满足于感性的创意和单纯的技艺运用，需要更多的关注和掌握现代面料的基本构成、风格特征以及美学评价。所以，修订中新增了服装面料领域前沿的研究理论与方法，如服装面料的美感特征、面料感性评价的相关知识、面料再造的发展趋势、不同设计风格的阐述与演示等。从形式、材质、风格、手法等方面预测了服装面料艺术设计的发展方向，总结了面料美感的表现形式，并对面料艺术再造的风格进行分类阐述。这些内容可以为面料再造设计提供理论指导与设计思路，为面料设计的创新发展提供新视野、新途径。希望广大师生在使用本教材的过程中能进一步提出建议意见！

最后，感谢江南大学纺织服装学院广大师生的支持，感觉无锡工艺职业技术学院科研处、服装系的同仁们给予的帮助！

在服装面料艺术再造和时尚设计之路上我们将一如既往的探索与实践！

在培养服装设计创新与应用人才之路上我们将一如既往的开拓与创新！

梁惠娥

2018 年 4 月于宜兴

第1版后记

随着服装业的发展，设计师进行服装面料艺术再造已经屡见不鲜，其设计意义和重要性也不言而喻。然而，服装面料的艺术再造设计不仅需要感性认识和单纯的率性而为，还需要进行科学、理性地认识和总结。

本书的编著者们结合各自的专业特长，全面而简洁地介绍了服装面料艺术再造的基本理论，其重点放在对服装面料进行艺术再造的基本原则、方法与规律上，并归纳分析了面料艺术再造的灵感来源和实现方法，提供了大量的实例图片。

本书的编写得到中国纺织出版社刘磊编辑的大力支持和帮助。在编写过程中，还参阅了许多设计师、学者们发布和发表的作品及研究成果，特此说明并谨致谢意。

同时，在此感谢江南大学纺织服装学院服装设计专业的林茹、刁桂娟、罗铭、宋冉、钱晓羽、刘芳、王原、夏云、乔煜、龙心莉、周炎哲、王婷、付冰冰、陈荷、杨颖、洪静、周峰、陈寒佳、张豆、黄政、高洁、陈隽楠、刘琰彦、龙琴、张静、朱楠楠、兰子薇、孙涛、刘素琼等同学为本书第七章所提供的设计小样。

真诚感谢江南大学纺织服装学院服装设计与工程专业研究生魏娜、王静、钟铉和刘素琼同学为本书所做的文字、图片的初步校对工作。

编著者

2008 年 8 月